数学太空漫游——21世纪的立体几何

A Mathematical Space Odyssey—Solid Geometry in the 21st Century

[西] 克劳迪·阿尔西纳(Claudi Alsina)
[美] 罗杰·B. 尼尔森(Roger B. Nelsen)   著

余应龙   译

哈尔滨工业大学出版社
HARBIN INSTITUTE OF TECHNOLOGY PRESS

黑版贸登字 08－2024－022 号

本书最初版本为英文版,书名为 *A Mathematical Space Odyssey：Solid Geometry in the 21ˢᵗ Century*,© 2015 American Mathematical Society 保留所有权利.本中文翻译版由哈尔滨工业大学出版社在 American Mathematical Society 的授权下制作和出版.

图书在版编目(CIP)数据

数学太空漫游:21 世纪的立体几何/(西)克劳迪·
阿尔西纳(Claudi Alsina),(美)罗杰·B.尼尔森
(Roger B. Nelsen)著;余应龙译. —哈尔滨:
哈尔滨工业大学出版社,2025.1. —ISBN 978－7－5767－1790－7

Ⅰ.①O123.2－49

中国国家版本馆 CIP 数据核字第 20252RK431 号

SHUXUE TAIKONG MANYOU——21 SHIJI DE LITI JIHE

策划编辑	刘培杰　张永芹
责任编辑	王勇钢
封面设计	孙茵艾
出版发行	哈尔滨工业大学出版社
社　　址	哈尔滨市南岗区复华四道街 10 号　邮编 150006
传　　真	0451－86414749
网　　址	http://hitpress.hit.edu.cn
印　　刷	哈尔滨午阳印刷有限公司
开　　本	787 mm×1092 mm　1/16　印张 15.75　字数 280 千字
版　　次	2025 年 1 月第 1 版　2025 年 1 月第 1 次印刷
书　　号	ISBN 978－7－5767－1790－7
定　　价	68.00 元

(如因印装质量问题影响阅读,我社负责调换)

作者简介

克劳迪·阿尔西纳(Claudi Alsina)于 1952 年 1 月 30 日出生于西班牙的巴塞罗那. 他取得了巴塞罗那大学的数学学士学位和数学博士学位. 他的博士后研究是在马塞诸塞州阿莫斯特学院进行的,然后在加泰罗尼亚理工大学担任数学教授且开展了广泛的国际活动. 他发表过许多研究性著作,作了数百场数学和数学教育的演讲.

罗杰·B. 尼尔森(Roger B. Nelsen)出生于伊利诺伊州的芝加哥. 他在 1964 年取得德堡大学的数学学士学位,1969 年取得杜克大学的博士学位. 他被选为 $\pi\beta\kappa$ 和 $\sigma\chi$ 联谊会成员,在刘易斯—克拉克学院任教数学和统计学课程长达四十年,并于 2009 年退休. 他发表过许多研究性著作.

让你的梦想像风筝那样放飞吧,你不会知道它将带回什么,或是新生活,或是新朋友,或是新国家……

——阿娜伊斯·宁(Anaïs Nin)

空间是艺术的拂动.

——弗兰克·劳埃德·赖特(Frank Lloyd Wright)

将一个事件的四个坐标想象为表示它在称为时空的四维空间中的一个位置是十分有益的.一个四维空间是不可能想象的.我个人感到观察一个三维空间就已经是够难的了.

——史蒂芬·威廉·霍金(Stephen William Hawking)

《时间简史》(1989)

◎ 序 言

立方体、圆锥、圆柱或棱锥都是最基本的图形；它们的形状各不相同，在我们的内心是有形的，没有歧义，这一切显示了其优势．这些图形之所以美，且最美，其原因就在于此．

——勒·考博奇尔（Le Corbusier，原名 Charles-Édouard Jeanneret-Gris）

立体几何就是我们现今称之为三维欧氏空间的几何的传统名称．虽然立体几何教程在美国的许多高中和学院已被大大削弱，但是我们相信三维空间的几何数学探索值得在现今的课程中被赋予更多的关注．本书力图呈现一些证明三维空间中大量数学成果的技巧，尽可能提升读者的形象化思考能力．结果与方法采用立体几何的一些传统名称，即棱柱、棱锥、柏拉图体（正多面体）、圆柱、圆锥和球．我们用一章的篇幅叙述以下方面的内容：计数、描述、分割、截面、相交、迭代、运动、射影以及折叠和展开．

A. 德·摩根（A. De Morgen）曾经写道：

对初学者而言，在学习立体几何的基本内容时通常会遇到相当大的障碍，因为他们正在推理的图形的属性从不屈服于他们的眼睛．

后来 D. 希尔伯特(D. Hilbert)也阐述了类似的观点:

向直觉理解的这一趋势促进了人们对学习对象的更直接的掌握,并与这些对象建立了实实在在的融合,可以说是这种融合强调了这些关系的具体意义.

A. 德·摩根和 D. 希尔伯特的这些观点表达了他们对形象化的、直觉的研究空间几何的渴望,他们引导了我们对本书课题的选择.《数学太空漫游——21 世纪的立体几何》内容结构如下:在序言之后的第 1 章我们列举了一定数量的典型问题,我们将在随后的几章中详述这些问题.我们还给读者介绍(或重新介绍)了我们栖居的空间的基本对象.然后,在这 9 章中,我们拓展了与各章的名称相关的方法,利用三维图形对于探索和证明许多基本事实和定理是富有成效的.我们用这些方法复习了关于表示几何图形的数、平均和不等式、体积、图形的表面积以及经典的立体几何中一些著名结果.

除了表示定理和证明的一些图形,本书还包括一系列三维艺术和建筑作品的图片.

读者应该熟悉高中的代数、平面几何与三角.在第 5 章、第 9 章和第 10 章中稍稍出现了一些微积分,有点微积分基础的读者就可以阅读本书.

本书的每一章都包括一组挑战题供读者进一步探索各种性质以及每一种方法的应用.在所有章节结束后,我们给出了书中挑战题的提示和解答.《数学太空漫游——21 世纪的立体几何》最后还给出了相关的参考资料.

正如美国数学协会(MAA)以前的一些书籍那样,我们希望无论是中学教师,还是学院和大学教师都能通过使用本书,带领学生一起踏上 21 世纪的旅程,进入立体几何之中.本书也可以用作解题讨论会的一个补充,还可以通过实践材料和现代软件进行论证.

特别要感谢 Harriet Pollatsek 和 Dolciana 系列丛书编辑部的成员,他们仔细地阅读了本书的早期手稿,并对本书提出了不少有益的建议.我们也要感谢 MAA 出版社的员工 Stephen Kennedy,Carol Baxter,Beverly Ruedi 和 Samatha Webb,他们丰富的经验为本书的出版做了充分的准备.最后,特别要感谢的是 MAA 的前总编 Don Albers,他在各种场合都鼓励我们达到这一目标.

克劳迪·阿尔西纳(**Claudi Alsina**)
西班牙巴塞罗那加泰罗尼亚理工大学

罗杰·B. 尼尔森(**Roger B. Nelsen**)
俄勒冈州波特兰刘易斯－克拉克学院

目录

1

第1章 引　　言

即使你提出三维或四维,但绘画只能在二维中进行.

——布鲁诺·扎维(Bruno Zavi)

欢迎来到"一次数学太空漫游"! 由斯坦利·库布里克(Stanley Kubrick)和同名的经典小说的作者亚瑟·C.克拉克(Arthur C.Clarke,电影制片人库布里克的合作者)共同导演的著名电影《2001:太空漫游》于 1968 年首映.在这个故事中一个被称为"monolith"的几何对象扮演了一个重要的、象征性的角色.这个"monolith"是大小恰好是 $1×4×9$ 个单位的黑色的长方体石块."太空"中另有许多有趣的几何对象与数学有关.

在本章中,我们将呈现在接下来的几章中的一些材料的例子,我们将简短地讨论本书中栖居于空间并起着重要作用的一些对象.

1.1　十 个 例 子

我们从十个例子开始我们的漫游,我们引入一些在接下来的几章中我们要考虑的问题,了解为解决问题所需的那些知识.

例 1.1　图 1.1.1[伊瓦尔斯·彼得森(Ivars Peterson)摄]所示的是美国艺术家索尔·勒维特(Sol LeWitt)1999 年为华盛顿特区国家艺术馆的雕塑花园创作的作品四边金字塔.

图 1.1.1

该金字塔由大小为 $1\times1\times2$ 个单位的平整光滑的长方体形状的白色混凝土砖块构成,它将古埃及和地中海的传统的金字塔的形状与 20 世纪的极简主义和概念艺术相结合.

参观雕塑花园的一些游客经常会问"这个金字塔一共有多少块砖块?"通过对金字塔的近距离观察可知道金字塔在水平方向上共有 24 层,图 1.1.2 所示的是最高的 7 层的样式,其中砖块内的数字表示从顶层开始数起在那个位置上最顶上的石块的深度 (Koehler,2013).

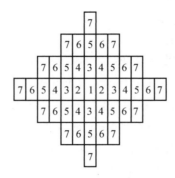

图 1.1.2

现在容易计算在第 n 层中的砖块数 b_n,如表 1.1 所示. 例如,$b_3=7$,这是因为在图 1.1.2 中数字为 1,2 或 3 的砖块共有 7 块.

表 1.1

层数 n	1	2	3	4	5	6	7
砖块数 b_n	1	3	7	13	21	31	43

第 2 章致力于将三维对象用于解决计数问题. 在这一章中我们使用一种计数技巧求出该雕塑中砖块的总数.

例 1.2 我们将某种数称为平方数和立方数这一事实使我们回忆起这些数作为面积和体积的几何表示.

例如,考虑前七个正整数的立方的数列以及连续两数的差,如表 1.2 所示.

表 1.2

n	1	2	3	4	5	6	7
n^3	1	8	27	64	125	216	343
$(n+1)^3-n^3$		7	19	37	61	91	127

表 1.2 的最后一行中每一个数减去 1 后都是 6 的倍数. 这一事实在几何上表现为两

个连续的立方体的差,如图 1.1.3.

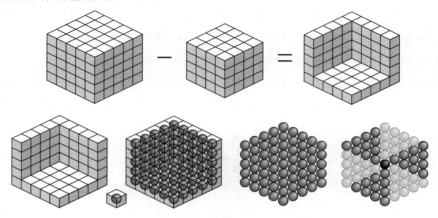

图 1.1.3

在图 1.1.3 的第一行中我们看到表示两个连续正方体的差,就是大正方体的一个"壳";在第一行中我们用一些小球代替这些小正方体后就看到这个差减去 1 以后是六个相同的小球三角阵.在第 3 章中,我们用将数表示为三维对象的大小的方法来显示丰富的数字结果.

例 1.3 求一个立体图形的体积的一种常用技巧是将这个立体图形切割成若干小块.我们用证明棱锥的体积是同底等高的棱柱的体积的 $\frac{1}{3}$ 来说明.在图 1.1.4(a)中我们看到这样的棱锥和棱柱,在图 1.1.4(b)中我们将棱锥切割成五块,其中三块是原棱锥一半大小的相似棱锥,其余两块分别是一半大小的棱柱(其中一个除去一个棱锥).

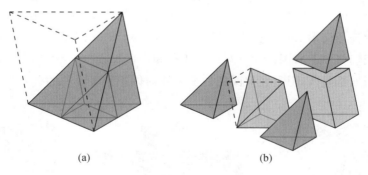

(a)　　　　　　　(b)

图 1.1.4

因此我们有

$$V_{棱锥}=3\times\frac{1}{8}V_{棱锥}+\frac{1}{8}V_{棱柱}+\frac{1}{8}(V_{棱柱}-V_{棱锥})$$

化简后得到 $V_{棱锥}=\frac{1}{3}V_{棱柱}$.在第 4 章中,我们将以切割棱柱开始重复采用这一技巧证明棱柱的体积是底面积乘以高.

例 1.4 假定我们教室里有一个球(可以是篮球、足球、台球等)和一把尺子. 我们怎么能精确地测量出球的半径呢? 这里有一种来自数学游戏范围的解法.

在教室里我们可以找到(或者曾经能够找到)一些粉笔. 用粉笔在球面上作一个记号,将球放到地板上靠近墙角的地方,使粉笔印记接触墙壁,如图 1.1.5 所示. 粉笔印记在墙上留下一个高度等于球的半径的印记. 现在可以测量墙上的粉笔印记的高度了.

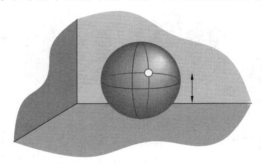

图 1.1.5

在讨论截面和交线的第 5 章和第 6 章中,我们将拓展涉及测量球的适当的数学工具.

例 1.5 在图 1.1.6(a)中我们看到称为穿型拱顶的古典建筑形式,它由两个轴线互相垂直的相同的半圆柱相交形成. 这两个半圆柱的公共拱顶的区域是很有趣的. 这是一个称为双圆柱(bicylinder)的物体的上面一半.

双圆柱是一个立体图形,它由两个完整的,具有同样半径的圆柱相交成直角形成. 请看图 1.1.6 所示的两个圆柱(图 1.1.6(b))和双圆柱(图 1.1.6(c)). 第三个同样半径的圆柱与这两个圆柱相交形成一个称为三圆柱(tricylinder)的立体图形. 在第 5 章、第 6 章和第 10 章中,我们将寻求双圆柱和三圆柱的体积和表面积. 一个令人惊奇的结果是尽管每一个圆锥的截面都是圆,但是在双圆柱和三圆柱的体积和表面积的公式中却没有一个涉及常数 π.

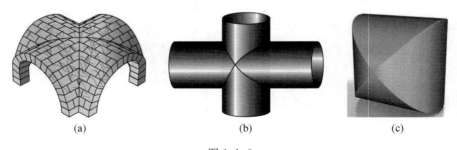

(a)   (b)   (c)

图 1.1.6

例 1.6 平面内的一张数学地图被分割成有限多个相邻的区域(国家),其边界是有限多条线段或简单曲线(即不存在自交).一个老问题是问最少要用几种颜色对地图涂色,使相邻的国家有不同的颜色.如果两个国家有包括一个区间的一条共同的边界,那么就说这两个国家是相邻的.四色猜想指出,对任何地图涂色只要用四种颜色就够了,这方面的资料可追溯到 19 世纪中叶.这一猜想在 1976 年变成定理,当时沃夫冈·哈肯(Wolfgang Haken)和凯尼斯·阿佩尔(Kenneth Appel)给出了一个证明.图 1.1.7(a)表明至少必须有四种颜色,因为这四个多边形形状的国家中的每个都与另外三个国家有共同的边界.

但是,在空间的情况下就至少必须有五种颜色,如图 1.1.7(b)是多面体国家,其中的每个国家都与另外四个国家有共同的边界.在我们考虑迭代构造的第 7 章中,我们证明空间的这种情况与在平面内的情况有着引人注目的不同,说明对定义在空间内的国家进行适当的涂色只用有限多种颜色是不够的.

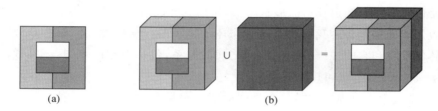

(a)　　　　　　　(b)

图 1.1.7

例 1.7　设 P 是底面为正方形,侧面为四个等边三角形的正四棱锥,T 是正四面体,它的四个面是与 P 的侧面三角形全等的三角形.将 T 的一个面粘贴到 P 的一个面上,使 P 和 T 相连.问这样得到的多面体有多少个面?

凭直觉作答 $5+4-2=7$ 是不正确的;正确的答案是 5.为了弄清这一点,我们复制一个 P,然后将这两个正四棱锥并列摆放,如图 1.1.8 所示.

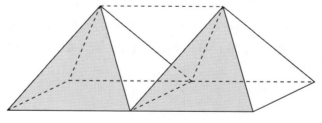

图 1.1.8

因为这两个棱锥的顶点之间的距离与正方形底面的边长相等,所以这两个棱锥之间的空间全等于 T.因此在 P 和 T 粘贴在一起后 T 的前面和两个棱锥的阴影部分的面在同一平面内,背后的一个可见到的面也是同样的情况.于是得到的多面体有五个面:正方形的底面、两个等边三角形和两个菱形的面(Halmos,1991).在第 8 章中,我们在"太空"中自由探索,为了解决问题以及证明一些非直观的结果,我们将对物体进行平移、旋转和反射移动.

例 1.8 假定我们在空间有一个立体图形,从三个不同的方向向物体发出光线在三个坐标平面上投射出影子,如图 1.1.9 所示.如果这个物体是各个面都平行于坐标平面的正方体,那么三个投影(影子)都是正方形;如果这个物体是球,那么三个投影都是圆.

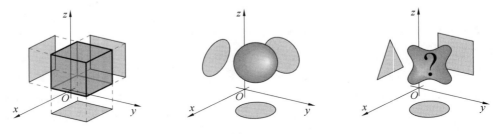

图 1.1.9

但是假定我们只知道投影的形状,那么我们能够说出这个物体的形状是什么吗? 知道几个投影的面积能告诉我们关于这个物体的体积的任何信息吗? 第 9 章致力于研究一个物体的形状和它的二维投影的形状之间的关系,包括地球的地图,三维版的毕达哥拉斯(Pythagorean)定理和其他一些课题.

第 10 章致力于研究二维或三维物体的折叠和展开."折叠"是一种使二维问题有一个三维的解的技巧;"展开"是一种使三维问题有一个二维的解的技巧.每一种技巧我们都用一个例子来说明.

例 1.9 设 a 和 b 是两个正数,剪出一张边长为 $a+b$ 的正方形纸片.在纸片上画两条分别平行于正方形的两条边且互相垂直的直线,形成两个面积分别为 a^2 和 b^2 的正方形,以及两个面积都是 ab 的矩形,如图 1.1.10(a)所示.

a^2+b^2(两个正方形的面积和)和 $2ab$(两个矩形的面积和)哪一个更大?

为了回答这个问题,我们将两个正方形沿着虚线对角线对折,再沿着实线对折,如图 1.1.10(b)和(c)所示.现在容易看出两个正方形纸片的面积和超过两个矩形纸片的面积和,因此 $a^2+b^2 \geqslant 2ab$,当且仅当 $a=b$ 时等式成立.在第 3 章中我们将这一结果推广到三个正数 a,b 和 c 的情况.

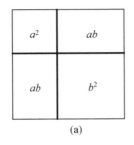 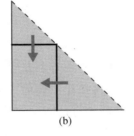 

(a) (b) (c)

图 1.1.10

因为 a 和 b 是正数,我们可以设 $a=\sqrt{x}$,$b=\sqrt{y}$,这里 x 和 y 也是正数.于是上面的不等式(除以 2)变为 $\dfrac{x+y}{2}\geqslant\sqrt{xy}$.因为 $\dfrac{x+y}{2}$ 是 x 和 y 的算术平均数,$\sqrt{xy}$ 是 x 和 y 的几何平均数,这一不等式就是众所周知的这两个数的 AM-GM(算术平均－几何平均)不等式:如果 x 和 y 是正数,那么

$$\sqrt{xy}\leqslant\frac{x+y}{2} \tag{1.1}$$

当且仅当 $x=y$ 时等式成立.如果 x 或 y 是零,那么这一结果显然成立,所以式(1.1)实际上对非负实数 x 和 y 成立.在后面的几章中,我们将多次使用 AM-GM 不等式.

例 1.10 找一个硬纸板的长方体盒子(如果有盖就去掉).将盒子翻个身,然后利用过同一点的三个面的对角线画一个三角形,如图 1.1.11(a)所示.如果 a,b 和 c 是长方体盒子的长、宽、高,P 是该三角形的周长,S 是 a,b,c 的和,证明:$P\geqslant\sqrt{2}S$.

因为盒子没有盖,所以我们将其余五个面展开,如图 1.1.11(b)所示.现在容易看出 P 至少是粗虚线那么长,等于 $\sqrt{2}S$(Turpin,2007).也容易证明当且仅当盒子是正方体时,$P=\sqrt{2}S$.我们将在第 3 章中推导图 1.1.11(a)中 $a\times b\times c$ 的盒子的进一步的不等式.

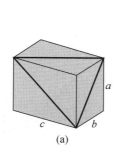
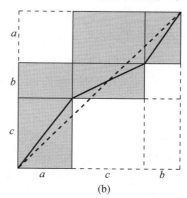

图 1.1.11

欧拉砖和完美盒

毕达哥拉斯三数组是三个正整数的集合,这三个数是一个直角三角形的边长.以瑞士数学家欧拉(Euler)命名的欧拉砖是三维的类似情况:盒子的棱长是正整数,三条面对角线(图 1.1.11(a))的长也是整数.最小的欧拉砖的棱长是 $44,117,240$,面对角线是 $125,244,267$.

如果欧拉砖的体对角线(联结相对顶点并经过盒子中心的线段)的长也是整数,那么这样的砖块称为完美盒.迄今为止尚未找到任何完美盒,也没有人证明不存在完美盒.

1.2　太空的居民

这一节将讨论我们在漫游中出现的许多三维物体,还提及许多物体在艺术和建筑中的作用.

柏拉图体

立体几何中的不合理的状况使我对这一分支不屑一提.

——柏拉图(Plato)《理想国》第 Ⅶ 册第 528 页

我们从多面体(polyhedra,polyhedron 的复数,源自于希腊语 πολυεδρον,polus 意为"许多",hedron 意为"底")开始,它是由许多平的面或底组成的立体图形.但是从单词词源来说,这并不是一个定义.所以我们要问:什么是多面体? 这一问题在不同的数学分支中有不同的回答.为了我们的目的,以下的定义就足够了(Cromwell,1997):多面体是一个由有限多个多边形组成的并集,并且(ⅰ)任何一对多边形只能相交于它们的边或者顶点,(ⅱ)每一个多边形的每一条边恰与另一个多边形相交于棱,(ⅲ)从任何一个多边形的内部出发总能找到一条到达任何另一个多边形的内部的路径,(ⅳ)如果 v 是任意一个顶点,$p_1,p_2,\cdots,p_k$ 是 k 个相交于 v 的多边形,那么总能找到一条从 p_i 的内部出发到达 p_j($i\neq j$)的内部,且不经过 v 的路径.例如,条件(ⅱ)(ⅲ)和(ⅳ)排除了图 1.2.1 所示的那样的立体图形.

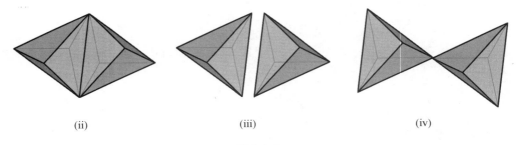

(ii)　　　　　　　　　　(iii)　　　　　　　　　　(iv)

图 1.2.1

我们遇到的多面体大多数是凸的,在这一意义上说,多面体整个位于它包含的任何一个面所在的平面的一侧.在多面体中,柏拉图体(或凸的正多面体)是最著名的,这类凸多面体的各个面都是全等的正多边形,相交于每个顶点的正多边形的个数相同(称为柏拉图体是因为柏拉图将这些正多面体与五个经典元素:土、气、水、火和以太相联系).这些正多面体是正四面体(四个面都为正三角形),正方体或正六面体(六个面都为正方形),正八面体(八个面都为正三角形),正十二面体(十二个面都为正五边形)和正二十面体(二十个面都为正三角形). 欧几里得(Euclid)在《几何原本》第 XIII 册中花了大力气研究这五种多面体. 这五种正多面体以埃克哈德·纽曼(Ekkehard Neumann)的雕塑作品的形式出现在德国的斯泰因弗特的 Bango 公园内(图 1.2.2).

图 1.2.2

正方体是仅有的各个面都是正方形的正多面体. 我们在以后各章中将会看到正方体在与整数有关的直观证明中起着重要的作用.

布鲁塞尔的原子球塔

布鲁塞尔的原子球塔是为布鲁塞尔世界博览会于 1958 年建造的, 通常称为 Expo 58. 原子球塔由工程师安德鲁·瓦特凯恩(André Waterkeyn)设计, 塔体的中心是铁质正方体晶体结构的形状, 高 102 m, 由九个直径为 18 m 的空心金属球体构成, 其中的五个球向公众开放. 在图 1.2.3 中我们看到位于西班牙塞维利亚的一个小的原子球塔的模型.

图 1.2.3

在第2章中我们采用面与面相连的正方体来建立正整数的各种恒等式.这样的正方体构成的整体称为多立方体(polycubes).

多胞体

多立方体是由两个或两个以上的相同的正方体面和面粘连在一起形成的多面体.在这一意义上,多立方体是多米诺的三维推广.在图1.2.4中我们看到七个多方体,其中一个由三个正方体构成,六个由四个正方体构成.这七个多方体可以组成一个3×3×3的单个的正方体,它称为正方胞体(soma cube).它是由丹麦数学家和诗人皮亚特·海恩(Piet Hein)发明的切割谜题.

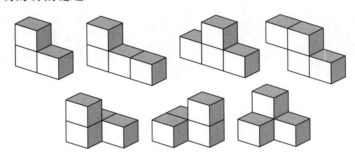

图1.2.4

以全等的等边三角形作为面的凸多面体称为三角形多面体(deltahedron).因此有三个柏拉图体是三角形多面体,最小的是正四面体(我们将在第10章中研究三角形多面体家族),在这个意义上,它是等边三角形的三维的类似图形.

正四面体日晷

西班牙巴塞罗那宇宙科学博物馆的外面有一座正四面体日晷(图1.2.5),其是通过它在周围的广场上的阴影来标明白天的时间.

图1.2.5

一类非正四面体的四面体是等腰四面体(isosceles tetrahedron),该四面体的每一组对棱的长度相等.等腰四面体(见第 4 章)是等腰三角形在三维空间中的类似的图形.

在第 5 章中我们将利用等腰四面体求出球的体积公式.

建筑中的四面体

位于科罗拉多州斯普林斯的美国空军学院的学院教堂是一座引人注目的现代建筑.它由建筑师华特·奈茨(Walter Netsch)设计,建造于 1959 年和 1963 年之间,花费了 350 万美元.它的 17 个尖顶由裹在铝合金面板内的 $100(17×4+16×2)$ 个同样的管状钢质四面体构成,每根长 75 ft(1 ft=0.304 8 m),两个四面体之间的空隙中镶有彩色玻璃的马赛克.

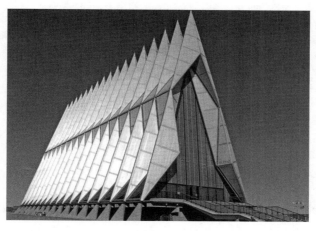

图 1.2.6

正八面体是柏拉图体中唯一的这样的正多面体:相交于每一个顶点的面的个数是偶数.它与正四面体的关系密切,将同样棱长的四个正四面体粘贴在正八面体不相邻的面上就构成了一个棱长是正八面体的棱长的 2 倍的正四面体(见下一节的图 1.3.1(b)).

最昂贵的柏拉图体

由于其中心面的方形晶体结构,未经切割的钻石的形状通常接近于正八面体.在图 1.2.7[罗伯·拉温斯基(Rob Lavinsky)摄]中我们看到一颗特别美的样品,其重量接近于 1.31 ct(1 ct=0.2 g).

用等边三角形、正方形、正六边形进行平面铺块是我们常见的,如图 1.2.8 所示.同一种正多边形边对边的铺块称为正规铺块,共有三种.

用正五边形铺块的正规铺块是没有的.正五边形的内角是 108°,而 108° 的三倍和四倍都不等于 360°.可是令人惊讶的是十二个正五边形却能围成一个柏拉图体,即正十二

图 1.2.7

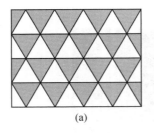 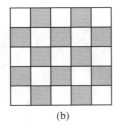 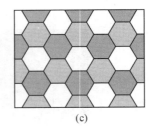

(a)   (b)   (c)

图 1.2.8

面体.

罗马十二面体

罗马十二面体是一个小型的空心的十二面体黄铜物件(直径 4~11 cm),每个面上有一个小孔,每个顶点上附带一个小圆球,如图 1.2.9 所示[保罗·加兰(Paul Garland)摄].

图 1.2.9

　　在全欧洲发现了几十件这样的器物,其历史可以追溯到公元前 2 世纪到公元 4 世纪,但其功能尚未知晓.

　　正二十面体有二十个等边三角形的面.虽然正二十面体的面都是三角形,但是它与正五边形以及黄金分割有密切的关系.举两个例子:绕着同一顶点的五个三角形面的外侧的棱组成一个正五边形,每一对对棱是一个黄金矩形的一组对边.黄金矩形指的是一个 $a \times b$ 的矩形,其中 $\frac{b}{a} = \varphi \approx 1.618$ 是黄金比.

画一个正二十面体

　　图 1.2.10(a)是德意志民主共和国在 1983 年发行的一枚邮票(这是有瑕疵的作品).

　　图 1.2.10(b)是本书的出版商在 20 世纪 80 年代的徽标中的一个好得多的版本.

　　图 1.2.10(c)提供了一种画正二十面体的竖直射影的简单的作图方法(Grünbaum,1985)(第 9 章的射影之一):画一个正六边形,然后定出三点,其中的一点我们已标上 B,使比 $\frac{OA}{OB}$ 是黄金比 φ.

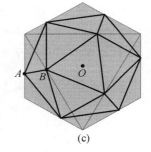

(a) (b) (c)

图 1.2.10

　　在研究多面体时,有三个量是我们感兴趣的,即每一种多面体的顶点数、棱数和面数.在表 1.3 中我们展现了五种正多面体的这些数.

表 1.3

	正四面体	正方体	正八面体	正十二面体	正二十面体
顶点	4	8	6	20	12
棱	6	12	12	30	30
面	4	6	8	12	20

　　表 1.3 中的每一个数都重复出现.例如,6 这个数既是正四面体的棱数,也是正方体的面数,这一事实由图 1.2.11 所示的内接于正方体的正四面体说明,这里正四面体的每一条棱都是正方体的面对角线.

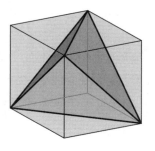

图 1.2.11

我们在挑战题 1.1 和 9.3 节中继续对表 1.3 中的样式进行这一探索.

棱柱,反棱柱和棱锥

> 棱柱是一切艺术的象征.目标是破坏性的.将客观现实中的白色光线拆分成
> 它包含的神秘的光辉.
>
> ——E. E. 肯明思(E. E. Cummings)

欧几里得将棱柱(《几何原本》第 XI 册,定义 13)定义为"包含在两个平行平面之间的一个立体图形,这两个平行的面相对,且全等".所以通常的长方体盒子就是棱柱,一般说,棱柱是两个平行的全等的 n 边形与侧面的平行四边形面的结合.

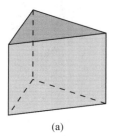
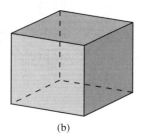
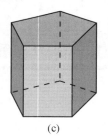

(a)   (b)   (c)

图 1.2.12

菲利波·布鲁内列斯基和八角棱柱

菲利波·布鲁内列斯基(Filippo Brunelleschi,图 1.2.13(a))面临两大挑战.一个是要在佛罗伦萨圣母百花大教堂的八棱柱塔上建造一个穹顶(图 1.2.13(b)),另一个是线性透视的基本原理的发现.菲利波·布鲁内列斯基在两块面板上说明了这些原理(现已失传).第一块描述的是从当时尚未完工的大教堂看去的浸礼堂(图 1.2.13(c)).

如果一个棱柱的面都是正多边形,那么这个棱柱是正棱柱,也就是说,一个正棱柱的两个底面是正 n 边形,侧面是 n 个正方形.存在无穷多个不同的正棱柱,但是只有一个是柏拉图体,即正方体.因为正棱柱的侧面是正方形,所以正棱柱的高随着底边的边数增加

  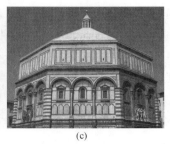

(a) (b) (c)

图 1.2.13

而(相对于底边)减小.

只要棱柱的底是一个能铺满平面的 n 边形(例如,三角形、四边形、五边形和六边形等),那么相应的直棱柱(侧面垂直于底面的棱柱是直棱柱)就能填满空间,也就是说,这是一个可填满空间的立体图形.但是存在由两个或更多个也能填满空间的正棱柱构成的立体图形.一个有趣的例子是由两个正三棱柱构成的双二角锥反角柱(gyrobifastigium).图 1.2.14 显示的是双二角锥反角柱的图片以及它的一个展开图(称为一个网).我们在第 10 章中详细讨论这些网.

 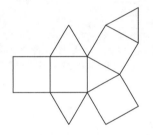

图 1.2.14

反棱柱是由位于两个平行平面之间的两个正 n 边形和 $2n$ 个三角形构成的一个立体图形.在直反棱柱中,底是两个正 n 边形,将一个底关于另一个底旋转 $\dfrac{180°}{n}$,联结两底中心的直线垂直于每一个底.在这种情况下,每一个三角形的面都是一个等腰三角形,见图 1.2.15中的几个例子.

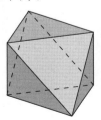 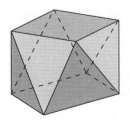 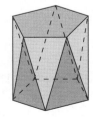

图 1.2.15

如果直反棱柱的侧面是等边三角形,那么这个直反棱柱称为正反棱柱.和棱柱一样,存在无穷多种正反棱柱,但是只有一种是柏拉图体,即正八面体.

棱柱作为建筑物

西班牙马德里的欧洲门(Europe Gateway)是1989年到1996年间为科威特投资办公室(Kuwait Investment Office)而建的(因此也称为KIO塔).大楼呈棱柱状,高115 m,倾斜角为15°,但是电梯是竖直的.(图1.2.16)

图1.2.16

棱锥在埃及和中美洲的古代文化中起着十分重要的作用.欧几里得将棱锥(《几何原本》第Ⅺ册,定义12)定义为"被一个平面到一个点构成的几个平面所包围的一个立体图形".棱锥的现代定义是一个多边形的面(底)和具有共顶点的其余的三角形的面构成的多面体.(图1.2.17)

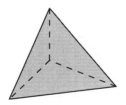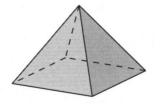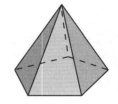

图1.2.17

胡夫大金字塔,黄金比和 π

位于埃及吉萨的胡夫大金字塔(图1.2.18(a))以众多的猜测和令人惊叹的巧合闻名于世.一些金字塔的狂热爱好者声称,大金字塔建造得使每一个三角形侧面的面积都等于金字塔的高的平方. 如果这一说法成立的话,那么设 b 是正方形底的边长,h 是高,s 是三角形面的高(图 1.2.18(b)),得到 $\dfrac{bs}{2}=h^2$,$s^2=h^2+\left(\dfrac{b}{2}\right)^2$. 为方便起见,设 $b=2$,那么 $s=h^2$,$s^2=h^2+1$,于是 $s^2=s+1$,s 是黄金比 $\varphi\approx1.618$ 和 $h=\sqrt{\varphi}\approx1.272$.

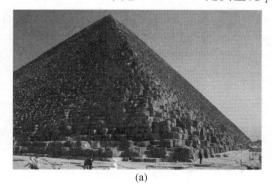
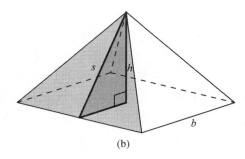

(a)   (b)

图 1.2.18

另一些神秘主义者主张金字塔建造得使底面的周长等于半径为高的圆的周长,或者说,$4b=2\pi h$. 如果这两个主张成立的话(当然是不成立的),那么由 $b=2$ 和 $h=\sqrt{\varphi}$,我们有 $\pi=\dfrac{4}{\sqrt{\varphi}}\approx3.144\ 6$,这个精确度达到 0.1%,是一个惊人的巧合(Peters,1978).

圆柱,圆锥和球

在这里我是否可以重复告诉你:用圆柱,圆锥和球锥对待自然界,一切都有了合理的视角.

——保罗·塞尚(Paul Cézanne)

最简单的曲面立体图形是圆柱,圆锥和球. 直圆柱和直圆锥可以由将矩形或直角三角形绕着矩形的一边或三角形的一条直角边旋转生成(图 1.2.19(a)(b)),球可以由半圆绕着其一条直径旋转生成(图 1.2.19(c)).

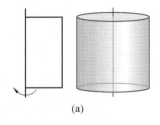
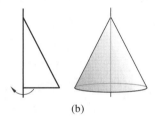
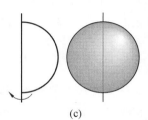

(a)   (b)   (c)

图 1.2.19

在某种意义上,直圆柱是底面为圆的柱体,直圆锥是底面为圆的锥体.存在更为广泛的圆柱和圆锥,但是本书中提到的所有圆柱和圆锥都是直圆柱和直圆锥.

在我们的研究中,球是特别重要的立体图形,因为球是我们所栖居的行星的模型.球面几何和球面三角是研究在球面上的几何图形的形状和大小的学科,这可以追溯到古希腊时期.球面几何和球面三角与平面几何和平面三角的区别很大,我们将会见到球面多边形,特别是球面三角形将在第6章和第9章见到.

地球太空船

具有很多面的多面体能以近似于球的模样出现.最有代表性的一个例子是佛罗里达奥兰多的华特迪士尼世界的位于艾波卡特的地球太空船,如图1.2.20(a).地球太空船高180 ft,重达15 520 000 lb(1 lb=0.453 6 kg).(Daire,2006)

这个多面体有11 324个等腰三角形的面,每三个一组形成一个四面体的三个面,如近距离拍摄的图1.2.20(b)所示.细心的读者会注意到11 324这个数并不是3的倍数,这是由支撑的脚形成房间和门窗等所致.

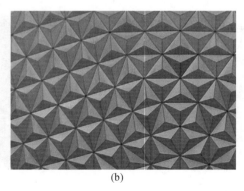

(a)　　　　　　　　　　　　　　　(b)

图1.2.20

除了上面提到的立体图形,我们将遇到大量其他的立体图形,即半正多面体,例如,立方正八面体(cuboctahedron),截头正八面体(truncated octahedron),截头正二十面体(truncated icosahedron),三圆柱(tricylinder),施瓦茨提灯(Schwarz lantern)以及像门格尔海绵(Menger sponge)这样的分形结构.

多面体雕塑

许多现代抽象雕塑制作成多面体的形状.加拿大阿尔伯塔省的维格瑞维尔的复活节彩蛋是世界闻名的雕塑(图1.2.21).它建造于1975年,是加拿大皇家骑警队的百年纪念标志.

彩蛋是一个有2 732个面,其中有2 208个全等的等边三角形和524个非凸的形如

图 1.2.21

三角星的等边六边形组成的多面体. 彩蛋的形状随着各个角在星空中的变化而变化.

1.3 挑 战 题

本书的每一章都包括供读者使用的一些挑战题. 这些挑战题为读者提供了一个使用和提升在该章中出现的空间数学的机会. 但是, 在引言这一章中有些挑战题来自于趣味数学, 正如我们已经在空间数学中呈现的诸多定理和技巧. 这些挑战题的共同特点(通常)是 1.2 节中的空间居民之一, 有一个稍有几分非直觉的解答以及(不像后面几章中的挑战题)很少量的正规的数学. 本书中的所有挑战题的解答在第 10 章之后都可以找到.

1.1 下列图形(图 1.3.1)说明表 1.3 中关于五个柏拉图体的顶点数、棱数和面数之间的相等关系. 每一个图说明的是哪些相等关系?

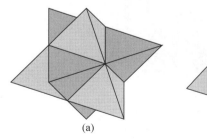 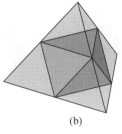 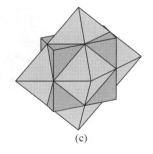

(a)　　　　　　(b)　　　　　　(c)

图 1.3.1

1.2 如果我们用一个平面去截一个柏拉图体, 我们将得到该立体图形的一个截面. 在很多场合下截面是一个正多边形. 例如, 正方体有等边三角形、正方形和正六边形的截面.另外四个柏拉图体的正多边形截面是什么呢?（第 5 章将致力于研究立体图形的截面.）

1.3 五面体是恰有五个多边形（不必是正的）面的凸多面体.举出两种不同类的五面体例子（两种不同类指的是它们的三角形面的个数或者四边形面的个数不同）.（在第 9 章中读者将会证明五面体只有这两类.）

1.4 二维铺块是多边形铺块,这些多边形能够边对边地拼成一个铺块的大的版本.如果 n 个相同的多边形能够形成一个大的铺块样式,那么就称为 n 一铺块.例如,由三个同样的正方形拼成的图 1.3.2 中的"L"形图形就是 4 一铺块.

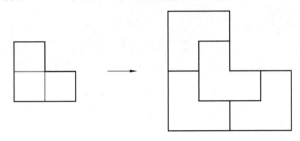

图 1.3.2

将多面体面对面地拼接可类似定义三维铺块.例如一个 $a \times b \times c$ 的长方体盒是一个 8 一铺块,因为 8 个同样的长方体可拼成一个 $2a \times 2b \times 2c$ 的长方体盒.是否存在像图 1.3.2那样铺块的多方体?

1.5 假定你有两个棱长为 a 个单位的正方体盒子,你将 m^3 个同样的球放入其中一个正方体盒子内,将 n^3 个同样的球放入另一个正方体盒子内,这里 $n > m$,在图 1.3.3 中 $m = 4, n = 6$.

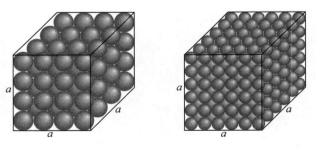

图 1.3.3

哪一个盒子中所有的球的总体积大?（提示:半径为 r 的球的体积是 $\frac{4}{3}\pi r^3$,我们在第 5 章中将证明这一点.）

1.6 是否存在一个多面体,它的任何两个面上的棱数都不相同?

1.7 一个人最多能同时看到现实世界中的正方体的几个面?

1.8 两个多面体以空间中同样的一些点作为顶点,且棱数相同,面数相同,这两个多面体必定相同吗?

1.9 在例 1.10 中我们提到在第 3 章中我们将研究关于 $a \times b \times c$ 的长方体盒子的不等式.在这些不等式中有一些涉及盒子的体对角线.假定我们在桌上有一个大小未知的长方体的盒子和一把尺子.测量(不能计算)这个盒子的体对角线的长的最容易的方法是什么?

1.10 如果你在一个球的超过一半的地方涂色,那么这个球的至少一条直径的两个端点都被涂色(假定涂到的地方和没涂到的地方都有面积).

1.11 在图 1.3.4 中我们看到一个已经在有共同顶点的两个面上画好对角线的正方体.这两条对角线之间的夹角有多大?

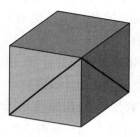

图 1.3.4

第 2 章　计　　数

> 音乐是人类在没有意识到计数的情况下通过计数而体验到的快乐.
>
> ——G. W. 莱布尼茨（G. W. Leipniz）

数学常被认为是研究各种样式的学科. 计数组合是数学的一个分支, 可以计算某个能形成某种样式的方法种数. 在组合问题中用几何的方法表示各种样式往往具有优势, 如采用球、正方体等的立体图形的结构. 在许多情况下, 我们有一个结构或样式的序列, 我们要对序列中每一个样式的立体图形的个数计数. 我们还要呈现像一个二维计数问题有一个三维的解的一些例子, 以及一个三维计数问题有一个二维的解的一些例子.

在本章中我们要说明几个计数技巧, 会用到以下三个对有限集的计数原理.

康托尔（Cantor）原理: 如果两个集合是一一对应的, 那么它们的元素的个数相同.

富比尼（Fubini）原理: 如果你用两种不同的方法对集合中的对象计数, 那么你将得到同样的结果.

重复原理: 用集合的两个（或三个或更多个）拷贝对元素计数, 然后除以二（或三或更多）, 这样可能简单些.

2.1　六　边　形　数

可用图形表示的数是这样的正整数, 这些正整数是某个几何图形中的对象（如点或球）的个数. 也许最著名的可用图形表示的数就是正方形了, 在方阵内计算点的个数. 六边形数的情况类似, 在六边形阵内计算点的个数. 前五个六边形数（我们用 h_1, h_2, h_3, h_4, h_5 表示）如图 2.1.1 所示.

为了求第 n 个六边形数 h_n, 回忆一下例 1.2. 该例的图 1.1.3 说明了一个六边形数 (h_5) 是 $(5^3 - 4^3)$; 事实上在图 2.1.1 中出现的这个六边形数就出现在表 1.2 的最后一行中. 因此我们有

$$h_n = n^3 - (n-1)^3 = 3n^2 - 3n + 1$$

对于前 n 个六边形数的和, 我们有

$$h_1 + h_2 + h_3 + \cdots + h_n = n^3$$

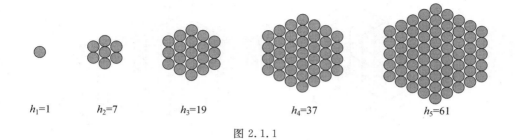

$h_1=1$　　　$h_2=7$　　　$h_3=19$　　　　$h_4=37$　　　　　$h_5=61$

图 2.1.1

2.2　小杏仁蛋糕计数

六边形数的计数是一个具有三维解的二维问题(如例 1.2).另一个具有类似解的这样的问题涉及小杏仁蛋糕.这种法国甜点由同一条棱上相连的两个等边三角形形成一个钻石的形状(图 2.2.1(a)).小杏仁蛋糕可以装在一个六边形的盒子中(但看上去并不是),如图 2.2.1(b)所示,每一块小杏仁蛋糕的短对角线平行于盒子的一条边.

盒子上有三角形的网格.每一块小杏仁蛋糕就像覆盖两个等边三角形的网格中的一个多米诺.现在提出一个有趣的问题:盒子中有多少块小杏仁蛋糕有三个方向中的每一个方向? 令人惊讶的答案:将小杏仁蛋糕以任何方法装入正六边形盒子,三个方向中的每一个方向的蛋糕数都相同,都等于盒子中的蛋糕总数的三分之一.

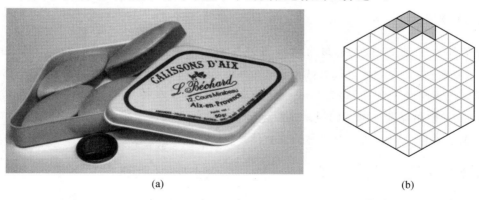

(a)　　　　　　　　　　　　　　　　　　　(b)

图 2.2.1

我们的答案来自于文献(David et al,1989).我们看到图 2.2.2(a)中小杏仁蛋糕任意摆放在盒子中,图 2.2.2(b)已经用不同的灰色阴影在三个不同的方向对小杏仁蛋糕涂色.

小杏仁蛋糕一旦被涂色,它们的出现就像房间角落里的正方体的集合,地板和墙都是正方形.从上方看这个样式我们看到的只是正方体的顶面,这些正方体当然是铺在地板上的.如果我们从一侧观察这个样式,那么情况也相同.因此正方体的面数就是小杏仁

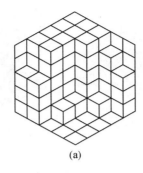 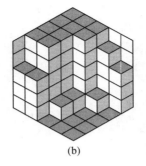

(a)　　　　　　　(b)

图 2.2.2

蛋糕的块数,且在每个方向上相同.

2.3　用正方体求整数的和

在本节中我们将呈现一个关于正整数(在本节中我们简称为"数")的和的恒等式的集合以及用由单位正方体(体积为 1)组成的立体图形进行的直观证明.直观证明中有许多是建立在富比尼原理的基础上的.当一个立体图形是正方体的一个集合,我们用两种不同的方法计算该集合内单位正方体的个数得到体积.这种几何方法提供了直观性,往往忽略了用数学归纳法的代数处理方式.

立方体主义

立方体主义是 20 世纪初最有影响力的视觉艺术风格之一.它由巴勃罗·毕加索(Bablo Pocasso)和乔治·布拉克(Geoges Braque)于 1907 至 1943 年之间在巴黎创立.法国艺术评论家路易·沃克塞尔(Louis Vauxcelles)在看了布拉克于 1908 年在莱斯塔克(L'Estaque)模仿保罗·塞尚的风景画后创造了立方体主义这个术语.路易·沃克塞尔将高度抽象艺术作品中的几何形式称为立方体.

平方数的和

现在我们利用富比尼原理求前 n 个平方数的和的公式.在图 2.3.1(a)中三堆由正方体叠成的同样的体块,表示 $1^2+2^2+\cdots+n^2$(这里 $n=4$).这三堆体块可以定向地拼成一个底为 $n+1$ 乘以 n 的矩形的立体图形,如图 2.3.1(b)所见到的.

将图 2.3.1(c)中的顶层削去一半后补成图 2.3.1(d)中大小为 n 乘以 $n+1$ 乘以 $n+\frac{1}{2}$ 的长方体(Siu,1984),于是

$$3(1^2+2^2+\cdots+n^2)=n(n+1)(n+\frac{1}{2})$$

由此得

$$1^2 + 2^2 + \cdots + n^2 = \frac{n(n+1)(2n+1)}{6}$$ (2.1)

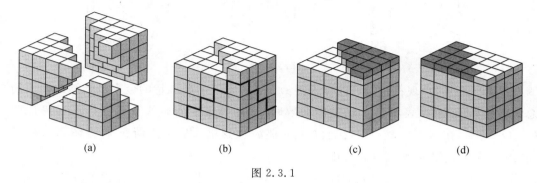

(a)   (b)   (c)   (d)

图 2.3.1

矩形数的和

矩形数(oblong number)O_n 是连续两数的积,即

$$O_n = n(n+1)$$

因为前 n 个连续奇数的和是平方数(我们请读者证明 $1+3+5+\cdots+(2n-1)=n^2$),前 n 个连续偶数的和是矩形数,即 $2+4+6+\cdots+2n=n(n+1)$.(图 2.3.2)

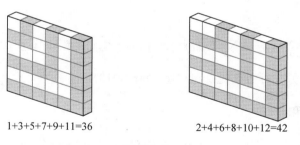

1+3+5+7+9+11=36   2+4+6+8+10+12=42

图 2.3.2

每一个平方数 n^2 都是连续两个矩形数 $(n-1)n$ 和 $n(n+1)$ 的算术平均数,每一个矩形数 $n(n+1)$ 是连续两个平方数 n^2 和 $(n+1)^2$ 的几何平均数.

现在我们证明前 n 个矩形数的和由

$$1\times2+2\times3+3\times4+\cdots+n(n+1) = \frac{n(n+1)(n+2)}{3}$$ (2.2)

给出.

图 2.3.3 说明了连续矩形数的和的 3 倍是连续三个数的积.每一步我们依次在底面、左面、背面添加形如 $k(k+1)$ 的数的三个同样的一层的正方体板块(Kung,1989).

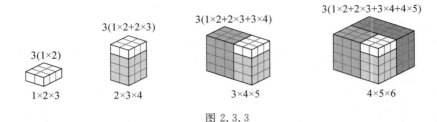

图 2.3.3

借助于矩形数,现在我们可以完成例 1.1 中的索尔·勒维特的金字塔雕塑的砖块的总数的计算了. 当 b_n 表示第 n 层的砖块数时,将每一层中的砖块重新安排后容易证明 $b_n = O_{n-1} + 1$. 在图 2.3.4(a)中,我们看到对偶数 n(这里 n 是 6)重新安排,在图 2.3.4(b)中,对奇数 n(这里 n 是 7)重新安排.

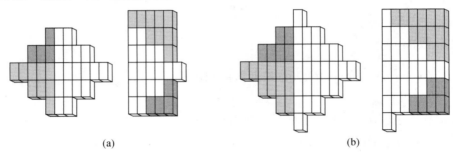

图 2.3.4

因此砖块总数 T 是

$$T = \sum_{n=1}^{24} b_n = \sum_{n=1}^{24} (Q_{n-1} + 1) = \frac{23 \times 24 \times 25}{3} + 24 = 4\ 624$$

计算该雕塑的另一种方法见文献(Koehler,2013).

三角形数的和

三角形数 T_n 由 $T_n = 1 + 2 + 3 + \cdots + n$ 给出,可以用各行分别是 $1, 2, 3, \cdots, n$ 个正方体的正方体三角形阵表示. 利用重叠原理和比较两个同样的 T_n 板块得到矩形数 $O_n = n(n+1)$ 更为简单. (图 2.3.5)

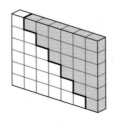

图 2.3.5

于是 $T_n = \frac{1}{2} O_n = \frac{1}{2} n(n+1)$. 如果我们将式 (2.2) 的两边都除以 2,我们就有前 n 个三角形数的和的公式

$$T_1 + T_2 + T_3 + \cdots + T_n = \frac{n(n+1)(n+2)}{6} \tag{2.3}$$

它也可以利用棱锥体积公式的直观证明直接得到.(图 2.3.6)

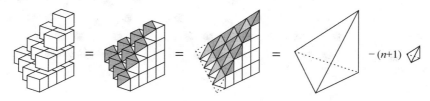

图 2.3.6

将表示前 n 个三角形数的各层单位正方体堆砌后,我们切去许多小棱锥(阴影部分),再将每一个小棱锥都分别放在切剩的正方体的上面.结果是一个大的棱锥减去沿着底面的一条棱上的一些较小的棱锥.由棱锥的体积公式(见 4.1 节),我们有

$$T_1 + T_2 + T_3 + \cdots + T_n = \frac{1}{6}(n+1)^3 - \frac{1}{6}(n+1) = \frac{n(n+1)(n+2)}{6}$$

有了三角形数,现在就可能给出式 (2.1) 的第二种证法.我们通过棱锥和半个正方体的体积公式计算单个的单位正方体堆成的物体,如图 2.3.7 所示(半个正方体的个数是三角形数 $\frac{n(n+1)}{2}$).

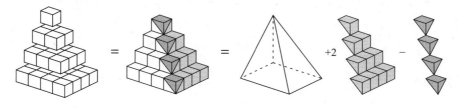

图 2.3.7

因此我们有

$$1^2 + 2^2 + \cdots + n^2 = \frac{1}{3} n^2 \cdot n + 2 \cdot \frac{n(n+1)}{2} \cdot \frac{1}{2} - n \cdot \frac{1}{3} = \frac{n(n+1)(2n+1)}{6}$$

五边形数及五边形数的和

另一类可用图形表示的数是五边形数 P_n 的集合,它可以用五边形样式中的点数计算.图 2.3.8 表示前四个五边形数.

图 2.3.8 中的涂色部分表示每一个五边形数都是一个平方数和一个三角形数的和,

所以

$$P_n = n^2 + T_{n-1} = n^2 + \frac{(n-1)n}{2} = \frac{n(3n-1)}{2}$$

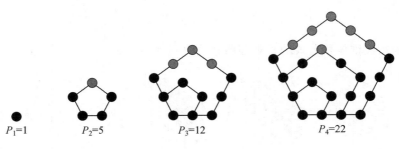

$P_1=1 \qquad P_2=5 \qquad P_3=12 \qquad P_4=22$

图 2.3.8

为了求前 n 个五边形数的和,我们将单位正方体的集合摆成竖直的正方形数和水平的三角形数的样式,合在一起就表示每一个五边形数,如图 2.3.9(a)所示.

得到的这些正方体组成的体块合在一起就形成一个底面积为 T_n,高为 n 的柱体,如图 2.3.9(b)所示(Miller,1993),因此

$$P_1 + P_2 + P_3 + \cdots + P_n = \frac{n^2(n+1)}{2}$$

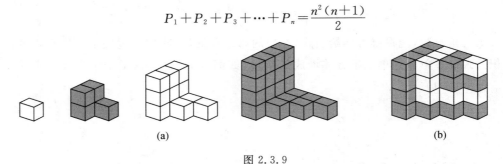

(a) (b)

图 2.3.9

立方和

我们记得在中学里学到前一些数的立方的和是一个平方数,而且被立方的数的和是一个平方数时都感到十分惊讶,例如对于前四个正整数,有

$$1^3 + 2^3 + 3^3 + 4^3 = 1 + 8 + 27 + 64 = 100 = (1+2+3+4)^2$$

当然后来我们了解到对于任何正整数 n,这个结果都是成立的,即

$$1^3 + 2^3 + 3^3 + \cdots + n^3 = (1+2+3+\cdots+n)^2 = T_n^2 = \frac{n^2(n+1)^2}{4} \tag{2.4}$$

我们可以用单位正方体说明这一点,这里的图是 $n=4$ 的情况.取 n 个正方体,然后把这些正方体放在一个平面内排成多层,如图 2.3.10(a)所示.

现在我们利用重叠原理,将四块同样的正方体板块拼成一个边长为 $n \cdot n + n = n(n+1)$ 的正方形的样式,如图 2.3.10(b),这就证明了结果(Cupillari,1989).

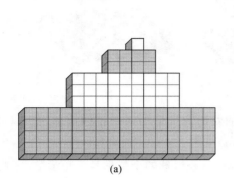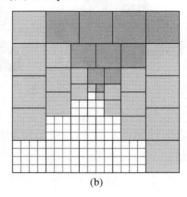

图 2.3.10

2.4　加农炮球计数

图 2.4.1 显示了加农炮球是如何储存在弗吉尼亚州汉普顿里路边的门罗堡. 这是 1861 年的军事设施. 加农炮球都堆成三角形和矩形的底.

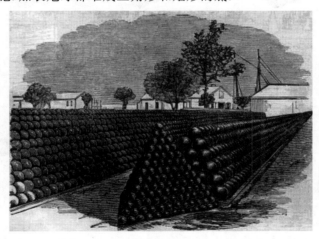

图 2.4.1

一个锥形的堆中有多少个加农炮球呢? 在图 2.4.2(a)中我们看到形如一个底是正方形四棱锥的一堆加农炮球. 这样一堆加农炮球的个数称为一个四棱锥数(square pyramidal number).

为了计算四棱锥数,我们先求平方和,这在上一节中已经计算过了. 因此第 n 个四棱锥数是 $\dfrac{n(n+1)(2n+1)}{6}$. (图 2.4.2(b))

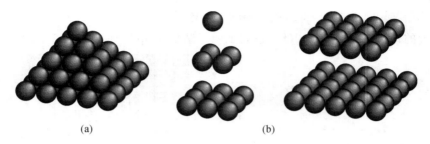

图 2.4.2

当加农炮球堆的底面是三角形时,这堆加农炮球堆形如一个正四面体.这样一堆加农炮球数是一个四面体数(tetrahedral number).(图 2.4.3(a))

上面一堆中每一层加农炮球都排成三角形,每一层球的个数都是三角形数.因此第 n 个四面体数是前 n 个三角形数的和,即由式(2.3)给出的 $\dfrac{n(n+1)(n+2)}{6}$.(图 2.4.3(b))

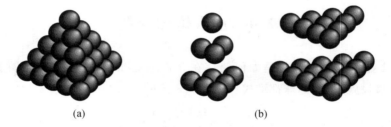

图 2.4.3

我们用研究另一种表示四面体数的方法结束本节.如果我们将图 2.4.3(a)中的加农炮球堆从前面的棱切到后面的棱,我们就得到五层加农炮球,如图 2.4.4 所示.

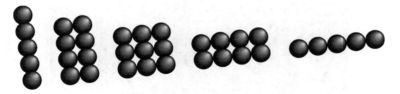

图 2.4.4

这就建立了以下用乘积的和代替三角形数的和的一个恒等式(Haunsperger et al,1997),即

$$T_1 + T_2 + T_3 + \cdots + T_n = 1(n) + 2(n-1) + 3(n-2) + \cdots + n(1) \qquad (2.5)$$

2.5　用平面分割空间

在海因里希·德里(Heinrich Dörrie)的经典著作《初等数学的一百个大问题》(Dörrie,1965)中,雅各布·施泰纳(Jakob Steiner)提供的八个问题之一(问题 67):

用 n 个平面最多能将空间分割成多少个部分?

我们对这一问题的解答遵循海因里希·德里提出的论点,也考虑到乔治·波利亚(George Pólya)的因素(Pólya,1966).我们从直线上的 n 个点开始,然后是平面内的 n 条直线,最后是空间内的 n 个平面.

显然 n 个不同的点将直线分割成 $n+1$ 个区间,观察到这一点有助于我们建立第一个命题:平面内 n 条直线确定的区域的最大个数 $P(n)$ 由 $P(n)=1+T_n=1+\dfrac{n(n+1)}{2}$ 给出,这里 T_n 是第 n 个三角形数.

为证明这一点,首先注意到区域数的最大值只有在没有两条直线平行,且没有三条或更多条直线共点的情况下取到.显然 $P(0)=1,P(1)=2,P(2)=4$.假定 $k-1$ 条直线将平面分割成 $P(k-1)$ 个区域,我们增加一条新直线要增加尽可能多的新区域.这样的一条直线与其他所有 $k-1$ 条直线相交于 $k-1$ 个点,这些点将新直线分割成 k 个区间,每一个区间对应于平面内的一个新区域.(图 2.5.1)这里是 $n=4$ 的情况,一条直线与三条直线相交产生平面内四个新区域.

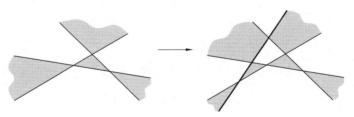

图 2.5.1

因此 $P(k)=P(k-1)+k$ 或 $P(k)-P(k-1)=k$. 对 $k=1$ 到 $k=n$ 相加得到

$$P(n)-P(n-1)=n$$
$$P(n-1)-P(n-2)=n-1$$
$$P(n-2)-P(n-3)=n-2$$
$$\vdots$$
$$P(2)-P(1)=2$$
$$P(1)-P(0)=1$$

_____

$$P(n)-1=T_n$$

因此得到如前面所说 $P(n)=1+T_n=1+\dfrac{n(n+1)}{2}$ 的.

现在我们可以证明:空间 n 个平面确定的区域的最大个数 $S(n)=\dfrac{n^3+5n+6}{6}$.

当没有两个平面平行,不存在两条平行的交线,没有一点是四个或四个以上平面的公共交点时得到区域的最大个数.显然 $S(0)=1,S(1)=2,S(3)=8$.假定 $k-1$ 个平面将空间分割成 $S(k-1)$ 个区域,我们增加一个新的平面产生尽可能多的新区域.这样的一个平面将与其他所有的 $k-1$ 个平面都相交,这些交线将新的平面分割成 $k-1$ 个平面区域,这些平面区域中的每一个对应于一个新的空间区域.因此

$$S(k)=S(k-1)+P(k-1)$$

或

$$S(k)-S(k-1)=P(k-1)=1+T_{k-1}$$

对 $k=1$ 到 $k=n$ 相加得到

$$S(n)-S(n-1)=1+T_{n-1}$$
$$S(n-1)-S(n-2)=1+T_{n-2}$$
$$S(n-1)-S(n-2)=1+T_{n-3}$$
$$\vdots$$
$$S(2)-S(1)=1+T_1$$
$$S(1)-S(0)=1$$

———————————————————————————

$$S(n)-1=n+\dfrac{(n-1)n(n+1)}{6}$$

这里我们使用了式(2.3)求前 $n-1$ 个三角形数的和.于是得到前面所说的

$$S(n)=n+1+\dfrac{n^3-n}{6}=\dfrac{n^3+5n+6}{6}$$

利用对正整数 n 和 k 的二项式系数 $\begin{bmatrix} n \\ k \end{bmatrix}$ 存在这些结果的一般样式:当 $0\leqslant k\leqslant n$ 时,$\begin{bmatrix} n \\ k \end{bmatrix}=\dfrac{n!}{k!\,(n-k)!}$;当 $k>n$ 时,$\begin{bmatrix} n \\ k \end{bmatrix}=0$. n 个点将一条直线分成 $\begin{bmatrix} n \\ 0 \end{bmatrix}+\begin{bmatrix} n \\ 1 \end{bmatrix}$ 个区间,n 条直线将一个平面分成 $\begin{bmatrix} n \\ 0 \end{bmatrix}+\begin{bmatrix} n \\ 1 \end{bmatrix}+\begin{bmatrix} n \\ 2 \end{bmatrix}$ 个区域,n 个平面将空间分成 $\begin{bmatrix} n \\ 0 \end{bmatrix}+\begin{bmatrix} n \\ 1 \end{bmatrix}+\begin{bmatrix} n \\ 2 \end{bmatrix}+\begin{bmatrix} n \\ 3 \end{bmatrix}$ 个区域.

现代主义者像一种建筑风格那样是很难定义的.但是一般地说,在第一次世界大战以后的一段时间内和 20 世纪 70 年代现代主义者远离了维多利亚和艺术的新风格,使混凝土、钢铁和玻璃广泛地应用于他们的作品中,并相信功能应该决定形式.对现代主义做

出贡献的两位主要的建筑师是路德维希·密斯·凡·德·罗（Ludwig Mies van der Rohe）和弗兰克·劳埃德·赖特（Frank Lloyd Wright）.

巴塞罗那凉亭和瀑布上的房屋

巴塞罗那凉亭是为 1929 年巴塞罗那国际博览会而建的德国式凉亭. 它由建筑师路德维希·密斯·凡·德·罗设计，是现代建筑的经典例子，在设计上简朴、光亮、高雅. 最重要的设计特征是一系列相交平面的组合，如图 2.5.2 所示［艾什丽·波默罗依（Ashley Pomeroy）摄］.

图 2.5.2

弗兰克·劳埃德·赖特设计了"瀑布"（Fallingwater），一幢由混凝土和玻璃建成的漂亮房屋. 它位于宾夕法尼亚西南的匹茨堡爱加德考夫曼的乡村. 瀑布的设计是在悬臂结构中富于想象地使用长方体盒子为边界的平面. 它不是建在瀑布的前方，而是直接建在瀑布的上方，如图 2.5.3 所示.

图 2.5.3

2.6 挑 战 题

2.1 证明:每一个六边形数比一个三角形数的 6 倍大 1.(提示:观察这两种几何样式.)

2.2 证明:能放在如图 2.2.1(b)所示正六边形盒子中小杏仁蛋糕的个数总是一个平方数的 3 倍.

2.3 求前 n 个奇数的平方和的公式.(提示:见图 2.6.1(a).)

2.4 设 O_n 和 T_n 分别表示第 n 个矩形数和第 n 个三角形数.证明

$$n^3 = T_n + (T_n + n) + (T_n + 2n) + \cdots + (T_n + O_{n-1})$$

(提示:见图 2.6.1(b).)

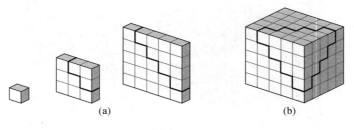

图 2.6.1

2.5 设 $\triangle_k$ 表示第 k 个四面体数.证明:每一个正四棱锥数是两个连续的四面体数的和,即

$$1 + 4 + 9 + \cdots + n^2 = \triangle_{n-1} + \triangle_n$$

(提示:见图 2.6.1(a).)

2.6 用图 2.6.2 中的正方体堆块推导前 n 个平方数的和的公式(2.1).(提示:用两种不同的方法计算正方体的个数.)

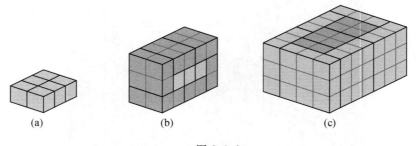

图 2.6.2

2.7 数列 $\{q_n\}_{n=1}^{\infty} = \{0, 1, 2, 4, 6, 9, 12, 16, 20, 25, \cdots\}$ 依次排列成平方数和矩形数(从 0 开始),有时被称为四分之一平方数列.为什么?(提示:观察数列 $\{4q_n\}_{n=1}^{\infty}$.)

2.8　证明
$$1+4+9+\cdots+n^2=1(n)+3(n-1)+5(n-2)+\cdots+(2n-1)(1)$$
（提示：该式类似于式(2.5)，所以考虑图 2.4.2 中加农炮球各层的一个不同的方法．）

2.9　八面体数定义为如图 2.6.3 所示的八面体堆中加农炮球的个数，前 5 个八面体数是 1,6,19,44 和 85．

图 2.6.3

求第 n 个八面体数的公式．

2.10　求在一个 $n \times n \times n$ 的正方体网格中的正方体的总数．例如，在图 2.6.4 中我们看到一个 $6 \times 6 \times 6$ 的正方体网格，在 441 个粗线正方体中画出了 3 个．

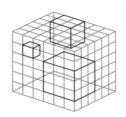

图 2.6.4

2.11　在 2.5 节中我们求得空间被 n 个平面分割能得到的部分的最大个数．现在求空间被 n 个球分割能得到的部分的最大个数．（提示：首先寻找在平面内被 n 个圆确定的区域的最大个数．）

2.12　平面内的相切数问题是问能够与一个单位圆相切的单位圆的个数的最大值．答案是 6，如图 2.6.5 所示．

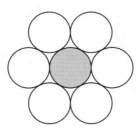

图 2.6.5

空间的相切数问题是问能与一个单位球相切的单位球的个数的最大值.证明:空间的相切数至少是12.(提示:见图2.4.3.)

2.13 四棱锥数(见2.4节)是1,5,14,30,55,91,140,204,…,四面体数是1,4,10,20,35,56,84,120,….注意到$4 \times 1 = 4, 4 \times 5 = 20, 4 \times 14 = 56, 4 \times 30 = 120$等.提出一个定理,并证明它.你能用堆积加农炮球和重新堆积加农炮球说明这一定理吗?

第3章 表 示 法

当魔方在你的手里变热时,它看起来很有活力.魔方的三层的每一个面都是三行,每行三块小方块组成这一事实就具有重要的意义.

——厄尔诺·鲁比克(Erno Rubik)

确立正整数的性质的一个直观的方法是表示立体图形的体积数.例如,我们可以利用对立体图形的几何变换说明关于正整数的恒等式,表示这个数的立体图形的体积保持不变.类似地,我们用证明表示一个数的立体图形是另一个立体图形的子集,从而第一个的体积小于或等于第二个的体积,这样可以说明某些不等式.我们从某个基本的代数开始.

3.1 将数的立方看作几何的正方体

对于任何实数 a,a^3 这个数当然可以看作几何中的每条棱的长为 a 个单位的正方体.这个简单的事实导致一个实数的立方的许多性质的各种几何证明.

正方体代数

我们首先说明分解两个数的立方的和或差的公式.在图 3.1.1 中(对 $a>b>0$),我们说明这个众所周知的两个立方数的差公式

$$a^3-b^3=(a-b)(a^2+ab+b^2)$$

图 3.1.1 的左边是 a^3-b^3,右边的三个盒子是 $a^2(a-b)$,$b^2(a-b)$ 和 $ab(a-b)$,它们的和是 $(a-b)(a^2+ab+b^2)$.

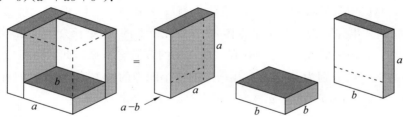

图 3.1.1

在图 3.1.2 中,我们类似地说明

$$a^3 + b^3 = (a+b)(a^2 - ab + b^2)$$

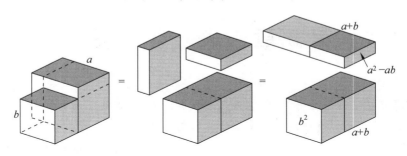

图 3.1.2

二项展开式 $(a+b)^3 = a^3 + 3a^2b + 3ab^2 + b^3$ 由图 3.1.3 推出,我们在 $(a+b)^3 = a^3 + b^3 + 3ab(a+b)$ 的形式中看到这一点(a 和 b 是正数).

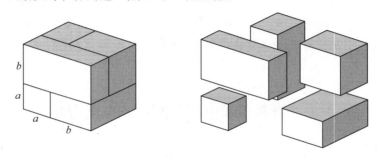

图 3.1.3

作为一个应用,考虑斐波那契(Fibonacci)数列

$$\{f_i\}_{i=1}^{\infty} = \{1,1,2,3,5,8,13,\cdots\}$$

其中 $f_1 = f_2 = 1$,当 $n \geq 3$ 时, $f_n = f_{n-1} + f_{n-2}$. 如果我们设 $a = f_{n-1}, b = f_n$,那么 $a+b = f_{n+1}$,当 $n \geq 2$ 时,由 $(a+b)^3$ 的展开式得到

$$f_{n+1}^3 = f_{n-1}^3 + f_n^3 + 3f_{n-1}f_n f_{n+1}$$

我们也可以用类似的方法说明三项式 $(a+b+c)^3$ 的展开式,我们从棱长为 $a+b+c$ 的正方体开始.

在图 3.1.4(a)中我们看到 $(a+b+c)^3$ 被分割成 3 个小正方体和 24 个长方体. 在图 3.1.4(b)中我们认出并除去 3 个小正方体 a^3, b^3, c^3. 余下的 24 个长方体根据不同的灰色阴影组成图 3.1.4(c)中的 6 个长方体(有一块在图的背后看不见),此时可将它们成对拼成图 3.1.4(d)中三维分别为 $a+b, b+c, a+c$ 的 3 个同样的长方体.因此我们有

$$(a+b+c)^3 = a^3 + b^3 + c^3 + 3(a+b)(b+c)(a+c) \tag{3.1}$$

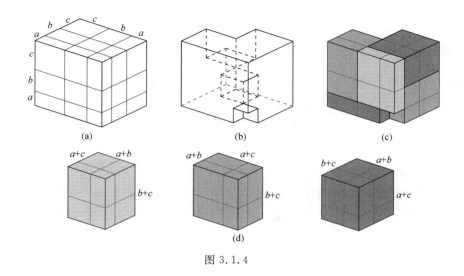

图 3.1.4

一个整数的立方

考虑一个正整数的立方的情况. 以下的计算暗示 n^3 可以表示为 n 个连续奇数的和

$$1^3 = 1, 2^3 = 3 + 5, 3^3 = 7 + 9 + 11, 4^3 = 13 + 15 + 17 + 19, \cdots$$

在图 3.1.5 中我们将 n^3 表示为单位正方体的集合, 重新安排其中一些正方体的位置, 将正方体切割成 n 层单位正方体. 作为一个结果, 我们有

$$n^3 = (n^2 - n + 1) + (n^2 - n + 3) + \cdots + (n^2 + n - 1)$$

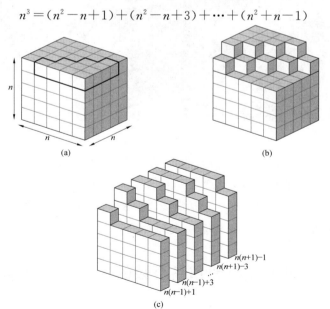

图 3.1.5

一个类似的问题见挑战题 3.3.

柏拉图正方体

在《萨姆·洛伊德的 5 000 个谜题、技巧、难题的百科全书（附答案）》（Loyd,1914）的
第 161 页上，我们可以找到以下的谜题：

> 这幅素描画（图 3.1.6）显示了柏拉图正注视着一座大理石纪念碑，纪念碑
> 由给定数量的小正方体构成．纪念碑竖立在一个铺着正方体大理石的正方形广
> 场上．广场上铺的正方体大理石的块数恰好与纪念碑正方体的块数相同，它们恰
> 好同样大小．请说出需要多少块正方体大理石才能建成纪念碑和竖立着纪念碑
> 的正方形广场．你会解决柏拉图这个几何数的大问题吗？

图 3.1.6

为了解决这个谜题，设 n^3 和 k^2 分别表示纪念碑和广场的正方体的个数，则 $n^3 = k^2$. 它
有无穷多组解，前几组解是 $(n,k) = (1,1),(4,8),(9,27),(16,64),\cdots$. 但是从素描画看，
似乎有 $k = 3n$，所以 $(n,k) = (9,27)$. 于是需要 1 458 块大理石正方体，纪念碑需要 729 块
正方体大理石，正方形广场需要同样多块大理石．

3.2　包容性原理和三个数的 AM-GM 不等式

证明两个量之间的一个不等式成立的一种方法是包容性原理：如果一个立体图形是

另一个的子集,那么第一个的体积小于或等于第二个的体积. 我们从一个简单的例子开始:对于正数 a 和 b,$a^3 + b^3 \geqslant a^2 b + b^2 a$,见图 3.2.1.

假定 $a \geqslant b > 0$. 图 3.2.1(a)中的立体图形由两个正方体组成,体积为 $a^3 + b^3$;图 3.2.1(b)中的立体图形的体积为 $a^2 b + b^2 a$. 当 $b \geqslant a > 0$ 时,我们恰好得到同样的结果.

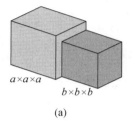 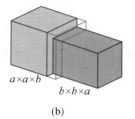

图 3.2.1

三个非负实数的一个重要而常用的不等式是 AM-GM 不等式. 我们分几步推导这一不等式,从图 3.2.2 开始,它是图 3.2.1 的一个推广.

设 a,b 和 c 是实数,且 $a \geqslant b \geqslant c > 0$. 图 3.2.2(a)中的立体图形由三个正方体组成,体积为 $a^3 + b^3 + c^3$,且包含图 3.2.2(b)中体积为 $a^2 b + b^2 c + c^2 a$ 的立体图形. 于是

$$a^3 + b^3 + c^3 \geqslant a^2 b + b^2 c + c^2 a \tag{3.2}$$

类似地,图 3.2.2(a)中的立体图形包含图 3.2.2(c)中体积为 $a^2 c + b^2 a + c^2 b$ 的立体图形,所以我们还有

$$a^3 + b^3 + c^3 \geqslant a^2 c + b^2 a + c^2 b \tag{3.3}$$

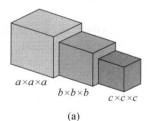 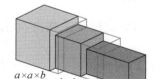

图 3.2.2

容易证明不等式(3.2)和(3.3)对于 a,b,c 的其他顺序也都成立. 将不等式(3.2)和(3.3)平均后得到

$$a^3 + b^3 + c^3 \geqslant \frac{1}{2}(a^2 b + b^2 c + c^2 a + a^2 c + b^2 a + c^2 b)$$

$$= \frac{1}{2}\left[c(a^2 + b^2) + b(a^2 + c^2) + a(b^2 + c^2)\right]$$

在例 1.9 中我们证明了对于正数 a 和 b,有 $a^2 + b^2 \geqslant 2ab$. 类似地推出

$$a^2 + c^2 \geqslant 2ac$$

$$b^2 + c^2 \geqslant 2bc$$

因此当 a, b, c 是正数时，我们有

$$a^3 + b^3 + c^3 \geqslant 3abc \qquad (3.4)$$

当且仅当 $a = b = c$ 时，等式成立.（注意如果 a, b, c 中有两个不等，例如，如果 $a \neq b$，那么 $a^2 + b^2 > 2ab$，不等式(3.4)改为严格不等式.）现在设

$$x = a^3, y = b^3, z = c^3$$

那么 x, y, z 是正数，有 $abc = \sqrt[3]{xyz}$，不等式(3.4)变为

$$\frac{x + y + z}{3} \geqslant \sqrt[3]{xyz} \qquad (3.5)$$

当且仅当 $x = y = z$ 时，等式成立. 因为 $\dfrac{x + y + z}{3}$ 是 x, y, z 的算术平均数，$\sqrt[3]{xyz}$ 是 x, y, z 的几何平均数，所以不等式(3.5)称为这三个数的 AM-GM 不等式. 当 x, y, z 中有一个或几个为零时，这一不等式显然成立，所以实际上当 x, y, z 是非负实数时，不等式(3.5)也成立.

在考虑不等式(3.5)的一些应用前，这里是将不等式(3.4)写成

$$\frac{1}{3}a^2 \cdot a + \frac{1}{3}b^2 \cdot b + \frac{1}{3}c^2 \cdot c \geqslant abc$$

的形式的另一种直观的证明. 这里我们将 $\dfrac{1}{3}a^2 \cdot a$ 解释为底面正方形的面积是 a^2，高是 a 的棱锥的体积（$\dfrac{1}{3}b^2 \cdot b$ 和 $\dfrac{1}{3}c^2 \cdot c$ 的情况类似），abc 是一个长方体的体积.

在图 3.2.3(a)中我们看到如何确定棱锥的朝向，在图 3.2.3(b)中得到的立体图形是如何包含这个长方体体块的.

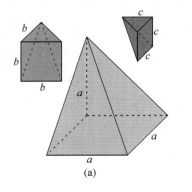 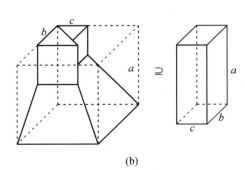

图 3.2.3

作为这一节的结束，我们建立三个正实数的和的立方 $(a + b + c)^3$ 与这三个正实数的相应的立方和 $a^3 + b^3 + c^3$ 的不等式：当 $a, b, c > 0$ 时，有

$$(a + b + c)^3 \leqslant 9(a^3 + b^3 + c^3) \qquad (3.6)$$

我们先将式(3.1)展开,有

$$(a+b+c)^3 = a^3+b^3+c^3+3(a+b)(b+c)(a+c)$$
$$= a^3+b^3+c^3+3(a^2b+b^2c+c^2a+a^2c+b^2a+c^2b)+6abc$$

现在利用不等式(3.2)(3.3)(3.4),有

$$(a+b+c)^3 \leqslant a^3+b^3+c^3+3 \cdot 2(a^3+b^3+c^3)+2(a^3+b^3+c^3)$$
$$= 9(a^3+b^3+c^3)$$

当且仅当 $a=b=c$ 时,等式成立.

3.3 对最优化问题的应用

AM-GM 不等式是解题的有力工具.在本节中我们要讲述这一不等式是如何用来解决在微积分教程中通常会遇见的一些最优化的问题.第一个和第四个问题可用单变量的微积分解决,但是第二个和第三个问题需要多变量微积分.

例 3.1 在好多年前帐篷是用帆布制成的,形状就像一个圆锥,见图 3.2.1,这是 1901 年在纽约州的布法罗泛美博览会上的美国海军营房.

图 3.2.1

在一切可能的具有的特定的体积,且没有地板的圆锥形帐篷中,高 h 和底面半径 r 的比是多少时,所用的帆布量最小?

圆锥形帐篷的体积是 $V = \dfrac{1}{3}\pi r^2 h$,帆布的用量 S 是该圆锥的侧面积 $S = \pi r\sqrt{r^2+h^2}$.这些熟悉的公式是我们在 5.2 节和 10.5 节确立的.为了使 S 最小,只要使 S^2 最小.为此,我们有

$$S^2 = \pi^2 r^2 (r^2 + h^2) = \pi^2 (r^4 + r^2 h^2)$$

$$= \pi^2 \left(r^4 + \frac{r^2 h^2}{2} + \frac{r^2 h^2}{2} \right) \geqslant 3\pi^2 \left(r^4 \cdot \frac{r^2 h^2}{2} \cdot \frac{r^2 h^2}{2} \right)^{\frac{1}{3}}$$

$$= 3\pi^2 \left(\frac{3V}{\pi\sqrt{2}} \right)^{\frac{4}{3}}$$

当且仅当 $r^4 = \dfrac{r^2 h^2}{2}$ 或 $h = r\sqrt{2}$ 时,等式成立. 于是高 h 与 r 的比是 $\sqrt{2}$ 时,用来制作帐篷的帆布最少.

在上面的问题中,我们要使一个和最小就要将这个和表示为各项之积是一个常数的和,也就是说,我们将 $r^4 + r^2 h^2$ 表示为 $r^4 + \dfrac{r^2 h^2}{2} + \dfrac{r^2 h^2}{2}$,因为 $r^4 \cdot \dfrac{r^2 h^2}{2} \cdot \dfrac{r^2 h^2}{2} = \left(\dfrac{3V}{\pi\sqrt{2}} \right)^4$ 是一个常数.

在下一个问题中我们要使一个积最大就要将这个积表示为各项之和是一个常数的积.

例 3.2 一个知名的投递服务企业规定这样一个行李的大小应是可接受的. 行李的长加上腰围(girth)不能超过 108 in(1 in=2.54 cm),也就是说,长+2·宽+2·高≤108. 求行李的可接受的体积的最大值,见图 3.3.2.

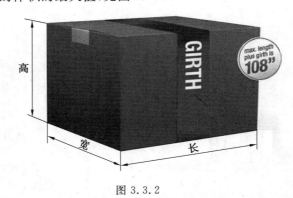

图 3.3.2

在图 3.3.2 的长方体中,设 $x=$长,$y=$宽,$z=$高,单位为 in,那么长和腰围的和 $S = x + 2y + 2z$. 如果 V 表示体积,那么 $4V = 4xyz = x \cdot 2y \cdot 2z$. 由不等式(3.5)我们有

$$\sqrt[3]{4V} = \sqrt[3]{x \cdot 2y \cdot 2z} \leqslant \frac{x + 2y + 2z}{3} = \frac{S}{3} \leqslant \frac{108}{3} = 36$$

所以体积 $V \leqslant \dfrac{36^3}{4} = 11\ 664\ \text{in}^3$,当 $x = 2y = 2z$ 时,等式成立. 于是可接受的长方体行李的体积最大值是当 $x = 36\ \text{in}, y = z = 18\ \text{in}$ 时.

有趣的是注意到一个棱长为 22 in,体积为 10 648 in³ 的正方体盒子是不可接受的(因为它的长加上腰围是 110 in),尽管这个正方体盒子的体积比上面叙述的可接受的行至少 1 000 多立方英寸.

例 3.3 图 3.3.3 是一个有 24 个隔间的长方体塑料盒. 在家里, 在办公室里或在工厂中常用来存放一些小物品.

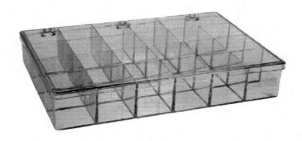

图 3.3.3

如果这样的盒子(有盖)的体积是 560 in³, 要求所用的塑料尽可能小, 那么该如何设计(长, 宽, 高)?

设 $x=$ 长, $y=$ 宽, $z=$ 高, 单位为 in, 体积 V 是 560 in³, 所用的塑料的总量 P 正比于盒子的顶、底、侧面和分隔部分的总面积, 所以 $P=c(2xy+5xz+7yz)$, 这里 c 是某个常数. 于是

$$(70V^2)^{\frac{1}{3}}=\sqrt[3]{2xy \cdot 5xz \cdot 7yz} \leqslant \frac{2xy+5xz+7yz}{3}=\frac{P}{3c}$$

当且仅当 $2xy=5xz=7yz$, 或 $x=\frac{7}{2}z, y=\frac{5}{2}z$ 时, 等式成立. 于是

$$V=560=\frac{7}{2}z \cdot \frac{5}{2}z \cdot z=\frac{35}{4}z^3$$

所以 $z=4$ in, $x=14$ in, $y=10$ in. 但是在这样的盒子中, 隔间的大小是 $2\frac{1}{3}$ in $\times 2\frac{1}{2}$ in $\times 4$ in, 所以像图 3.3.3 中的盒子(有接近于正方体的隔间)很可能不会在制造时设计得使塑料的用料最少.

例 3.4 超市出售一种圆柱形的罐装咖啡粉, 圆柱形罐由三种不同的材料制成, 金属底, 硬纸板侧面和塑料盖, 如图 3.3.4 所示. 如果金属、硬纸板、塑料的价格分别是每平方英寸 m, c, p 美分. 高 h 与底面半径 r 的比应该是多少才能使制造有给定体积的罐头的价格最低?

体积 V 和价格 C 由 $V=\pi r^2 h$ 和 $C=(p+m)\pi r^2+2c\pi rh$ 给出. 因此

$$\sqrt[3]{c^2\pi(p+m)V^2}=\sqrt[3]{(p+m)\pi r^2 \cdot c\pi rh \cdot c\pi rh}$$
$$\leqslant \frac{(p+m)\pi r^2+c\pi rh+c\pi rh}{3}$$
$$=\frac{C}{3}$$

图 3.3.4

当且仅当 $(p+m)\pi r^2 = c\pi rh$，或 $\dfrac{h}{r} = \dfrac{p+m}{c}$ 时，等式成立. 因为假定 p 和 m 都大于 c 是合理的，所以推得这些罐头应该有 $\dfrac{h}{r} > 2$，这是常见的情况.

3.4 长方体盒子的不等式

长方体状的体块（也是一种平行六面体）从行李到雕塑到建筑物在空间中很常见.

柏林大屠杀纪念碑

这座为纪念在纳粹统治下惨遭杀害的欧洲犹太人的纪念碑由彼得·艾斯曼（Peter Eisenman）设计，于 2003 至 2004 年建成. 纪念馆位于布兰登堡门附近，由 2 711 座长方体棺木状的混凝土体块组成，排列成网格状，占地 4.7 ac（1 ac≈4 046.86 m^2）.（图 3.4.1）

图 3.4.1

在本节中我们将展现在体积、表面积、总棱长和其他一些与长方体盒子有关的量的一组不等式.

考虑一个棱长为 x, y 和 z 的长方体，如图 3.4.2 所示. 在本节中我们将建立关于以

下各个量的一些不等式:长方体的体积

$$V = xyz$$

六个面的总面积

$$F = 2(xy + yz + zx)$$

十二条棱的总长

$$E = 4(x + y + z)$$

三个不同面上的对角线的长的和

$$P = d_{xy} + d_{yz} + d_{zx} = \sqrt{x^2 + y^2} + \sqrt{y^2 + z^2} + \sqrt{z^2 + x^2}$$

体对角线的长

$$d = \sqrt{x^2 + y^2 + z^2}$$

例如,我们回想起例 1.10,证明了 $\dfrac{\sqrt{2}E}{4} \leqslant P$.

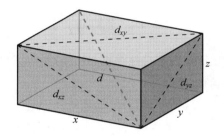

图 3.4.2

当我们对三个数 xy, yz, zx 应用 AM-GM 不等式(3.5)时,我们有

$$\frac{xy + yz + zx}{3} \geqslant (xyz)^{\frac{2}{3}}$$

或者等价地有

$$6V^{\frac{2}{3}} \leqslant F$$

为了继续下去,具有与平方和与积的和有关的一个不等式是有用的:当 $a, b, c \geqslant 0$ 时,有

$$a^2 + b^2 + c^2 \geqslant ab + bc + ca \tag{3.7}$$

从一侧观察图 3.2.2(a)和图 3.2.2(b)的三个正方体(这是 $a \geqslant b \geqslant c \geqslant 0$ 的情况;其他顺序类似),并考虑到长方体的各个面的面积,直接推出不等式(3.7),如图 3.4.3 所示.

将不等式(3.7)用于 $(a+b+c)^2 = a^2 + b^2 + c^2 + 2(ab + bc + ca)$ 得到两个不等式

$$(a+b+c)^2 \geqslant 3(ab + bc + ca) \tag{3.8}$$

和

$$(a+b+c)^2 \leqslant 3(a^2 + b^2 + c^2) \tag{3.9}$$

在不等式(3.8)和(3.9)中设 $(a, b, c) = (x, y, z)$,分别得到 $F \leqslant \dfrac{E^2}{24}$ 和 $\dfrac{E^2}{24} \leqslant 2d^2$.将这两

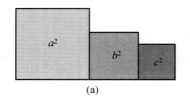
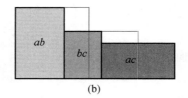

图 3.4.3

个结果合并就得到对于任何长方体的著名的不等式链

$$6V^{\frac{2}{3}} \leqslant F \leqslant \frac{E^2}{24} \leqslant 2d^2 \tag{3.10}$$

当且仅当该长方体是一个正方体时,等式成立.

不等式(3.9)也可以用于 P 和 d 的关系,设

$$a = \sqrt{x^2 + y^2}, b = \sqrt{y^2 + z^2}, c = \sqrt{z^2 + x^2}$$

得到 $P^2 \leqslant 6d^2$,因此

$$\frac{\sqrt{2}E}{4} \leqslant P \leqslant \sqrt{6}d$$

关于长方体的另一个著名的不等式是顾巴(Guba)不等式(Guba,1977),它表示各个面的面积的平方和与 V 和 d 的关系

$$(xy)^2 + (yz)^2 + (zx)^2 \geqslant \sqrt{3}Vd \tag{3.11}$$

在不等式(3.8)中设 $(a,b,c) = ((xy)^2, (yz)^2, (zx)^2)$,得到

$$\begin{aligned}
[(xy)^2 + (yz)^2 + (zx)^2]^2 &\geqslant 3[(xy)^2(yz)^2 + (yz)^2(zx)^2 + (zx)^2(xy)^2] \\
&= 3x^2 y^2 z^2 (x^2 + y^2 + z^2) \\
&= 3V^2 d^2
\end{aligned}$$

由此推得不等式(3.11).

我们关于长方体的最后的不等式是沃伊库(Voicu)不等式(Voicu,1981).如果 α, β, γ 表示体对角线与三条棱的夹角,如图 3.4.4 所示,那么

$$\tan \alpha \tan \beta \tan \gamma \geqslant 2\sqrt{2}$$

当且仅当这个长方体是一个正方体时,等式成立.

证明采用以下不等式:如果 $a, b, c > 0$,那么

$$(a+b)(b+c)(c+a) \geqslant 8abc \tag{3.12}$$

为了证明不等式(3.12),想到

$$a+b \geqslant 2\sqrt{ab}, b+c \geqslant 2\sqrt{bc}, c+a \geqslant 2\sqrt{ca}$$

见证明不等式(3.12)的图 3.4.5(当 $a \geqslant b \geqslant c \geqslant 0$ 时),该图显示了如何将一个 $2a \times 2b \times 2c$ 的长方体切割成四块长方体,然后拼成一个 $(a+b) \times (b+c) \times (c+a)$ 的长方体.

由图 3.4.4,我们有

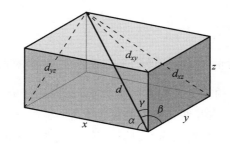

图 3.4.4

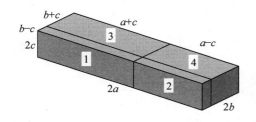 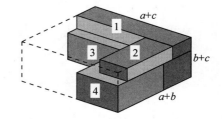

图 3.4.5

$$\tan^2\alpha\tan^2\beta\tan^2\gamma = \frac{d_{yz}^2}{x^2} \cdot \frac{d_{xz}^2}{y^2} \cdot \frac{d_{xy}^2}{z^2}$$

$$= \frac{(y^2+z^2)(x^2+z^2)(x^2+y^2)}{x^2y^2z^2}$$

$$\geqslant \frac{8x^2y^2z^2}{x^2y^2z^2}$$

$$= 8$$

因此 $\tan\alpha\tan\beta\tan\gamma \geqslant 2\sqrt{2}$,当且仅当 $x=y=z$,即这个长方体是一个正方体时,等式成立.

3.5 三个数的平均数

我们已经看到两种计算三个正数 a,b,c 的"平均"的方法:算术平均数 $\dfrac{a+b+c}{3}$ 和几何平均数 $\sqrt[3]{abc}$.我们很熟悉算术平均数,因为这是计算平均数的常用方法,例如一个班级的考试的平均数.几何平均数的起源当然是几何:这是与棱长为 a,b,c 的长方体的体积相同的正方体的棱长.但是对于三个正数还有许多其他的平均不等式,下面是其中的几个.

调和平均数: $\dfrac{3abc}{ab+bc+ca}$.

平方－平方根平均数: $\sqrt{\dfrac{a^2+b^2+c^2}{3}}$.

三次方－三次根平均数：$\sqrt[3]{\dfrac{a^3+b^3+c^3}{3}}$.

调和平均数是三个数的倒数 $\dfrac{1}{a}$，$\dfrac{1}{b}$，$\dfrac{1}{c}$ 的算术平均数的倒数，可用于平均速率. 平方－平方根平均数（平方的算术平均数的平方根）有时用于有正、有负的平均的量. 三次方－三次根平均数可以用在某些社会学的设置上.

在本节中，我们建立这些平均之间的以下不等式. 如果 $a,b,c>0$，那么

$$\frac{3abc}{ab+bc+ca}\leqslant\sqrt[3]{abc}\leqslant\frac{a+b+c}{3}\leqslant\sqrt{\frac{a^2+b^2+c^2}{3}}\leqslant\sqrt[3]{\frac{a^3+b^3+c^3}{3}} \tag{3.13}$$

在不等式(3.5)中设 $x=\dfrac{1}{a}$，$y=\dfrac{1}{b}$，$z=\dfrac{1}{c}$，有

$$\frac{ab+bc+ca}{3abc}=\frac{\dfrac{1}{a}+\dfrac{1}{b}+\dfrac{1}{c}}{3}\geqslant\sqrt[3]{\frac{1}{a}\cdot\frac{1}{b}\cdot\frac{1}{c}}=\frac{1}{\sqrt[3]{abc}}$$

得到不等式(3.13)中的第一个不等式. 第二个不等式当然是不等式(3.5). 第三个不等式在平方后乘以 9 等价于不等式(3.9). 对于不等式(3.13)中的最后一个不等式，我们注意到对于一切 $x\geqslant0$，一个底面积为 $(x-1)^2$，高为 $2x+1$ 的长方体的体积非负，即

$$(2x+1)(x-1)^2\geqslant0$$

这一不等式等价于

$$2x^3+1\geqslant3x^2 \tag{3.14}$$

（这也可以用 $(x^3,x^3,1)$ 代替不等式(3.5)中的 (x,y,z) 得到）.

设 $M=\sqrt{\dfrac{a^2+b^2+c^2}{3}}$，并设 x 连续等于不等式(3.14)中的 $\dfrac{a}{M}$，$\dfrac{b}{M}$，$\dfrac{c}{M}$，相加得

$$2\cdot\frac{a^3+b^3+c^3}{M^3}+3\geqslant3\cdot\frac{a^2+b^2+c^2}{M^2}=9$$

所以

$$\frac{a^3+b^3+c^3}{M^3}\geqslant3$$

于是 $\dfrac{a^3+b^3+c^3}{3}\geqslant M^3$，它等价于不等式(3.13)中最右边的不等式，当且仅当 $a=b=c$ 时，等式全部成立.

3.6 挑 战 题

3.1 对 3.4 节和图 3.4.1 中描述的长方体盒子，证明

$$2\sqrt{2}V\leqslant d_{xy}d_{yz}d_{zx}\leqslant\frac{2\sqrt{6}}{9}d^3$$

当且仅当这个长方体是一个正方体时,等式成立.

3.2 在例 3.2 中描述的投递服务企业是否可能接受一件体积大于 11 664 in^3 的行李?

3.3 考虑以下加法序列

$$1+2=3,4+5+6=7+8,9+10+11+12=13+14+15,\cdots$$

这种形式会继续下去吗? 为什么会,或为什么不会? (提示:对两种不同的方法中的图 3.6.1 中的正方体计数.)

图 3.6.1

3.4 顾巴不等式提供了长方体盒子的各个面的面积的平方和的一个下界. 也存在一个上界. 证明

$$(xy)^2+(yz)^2+(zx)^2\leqslant\frac{d^4}{3}$$

当且仅当这个长方体是一个正方体时,等式成立.

3.5 亨利·杜德尼(Henry Dudeney)提出一个奇怪的问题(Dudeney,1967)——"绳子的经济",叙述如下:"一位绳子短缺的女士发现自己陷入了困境. 她在为在德国的监狱中的囚犯儿子打一个包裹时,只能使用一根 12 ft 长的绳子(打结除外). 这条绳子绕包裹的长的方向一次,腰围方向两次,如图 3.6.2 所示. 她能打的符合这些条件的最大的长方体包裹是怎么样的?"

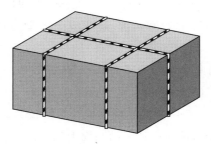

图 3.6.2

3.6 一个容积是 V ft^3 长方体的盒子由三种材料组成. 顶和底的材料的价格是每平方英尺 c 美元,前后两面的价格是每平方英尺 b 美元,另外两面的价格是每平方英尺 a 美元.求盒子的材料的总价的最小值(用 V,a,b,c 表示).

3.7 图3.6.3说明了17世纪奥地利酒商是如何确定酒桶的体积,从而确定酒的价格.这位商人从酒桶一边的中间的开口处的小孔将一根小棒插到酒桶底部的相对的边缘.小棒插入酒桶部分的长确定商人的定价.

(a)

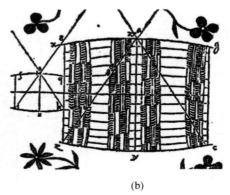
(b)

图 3.6.3

假定酒桶是一个直圆柱(实际上并不是).如果小棒插进容积为 V 的酒桶 s m,证明:$V \leqslant \dfrac{\pi s^3}{3\sqrt{3}}$.对于给定的 s,什么形状的圆柱使体积最大?

3.8 三个数的AM-GM不等式(3.5)常可被用来解决二维问题,如下面的问题:设三角形的周长给定,求面积最大的三角形.(提示:设 a,b,c 是三角形的三边,A 是面积,使用海伦公式 $A=\sqrt{s(s-a)(s-b)(s-c)}$,这里的 $s=\dfrac{a+b+c}{2}$.)

3.9 三维的柯西一施瓦茨(Cauchy-Schwarz)不等式叙述如下:对于实数 a,b,c,x,y,z,我们有

$$|ax+by+cz| \leqslant \sqrt{a^2+b^2+c^2}\sqrt{x^2+y^2+z^2} \tag{3.15}$$

当 $(x,y,z)=(b,c,a)$ 或 (c,a,b) 时,不等式(3.7)是(3.15)的特殊情况.当 $(x,y,z)=(1,1,1)$ 时,不等式(3.9)是(3.15)的特殊情况.这里 a,b,c 都是正数.证明:不等式(3.15).(提示:只要证明 $(ax+by+cz)^2 \leqslant (a^2+b^2+c^2)(x^2+y^2+z^2)$.对数对 $\{a^2y^2,b^2x^2\}$,$\{a^2z^2,c^2x^2\}$ 和 $\{c^2y^2,b^2z^2\}$ 利用两个数的 AM-GM 不等式(1.1).)

3.10 AM-GM不等式(3.5)等价于 $27xyz \leqslant (x+y+z)^3$(其中 x,y,z 是正数),它使人想到是否可能将 27 块 $x\times y\times z$ 的砖块拼成一个棱长为 $x+y+z$ 的正方体?

3.11 直圆锥的母线长 s 是顶点到底面圆周上的一点之间的距离,如图3.6.4所示.

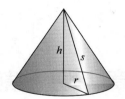

图 3.6.4

如果圆锥的体积是 V，证明：$V \leqslant \dfrac{2\pi\sqrt{3}\,s^3}{27}$．何时得到等式？（提示：$V = \dfrac{\pi r^2 h}{3}$．）

3.12　设 φ 表示黄金比，是方程 $\varphi^2 - \varphi - 1 = 0$ 的正根．证明：$\varphi^3 - \left(\dfrac{1}{\varphi}\right)^3 = 4$．（提示：用图 3.1.3 中建立的恒等式．）

3.13　设 A 是一个 $a \times b \times c$ 的长方体砖块的立体图形（$a, b, c > 0$），B 是到 A 中某点的距离至多是 1 的一切点的集合（实际上，B 包含 A）．用 a, b 和 c 的多项式表示 B 的体积．

第4章 切 割 法

我是作家,所以我喜欢切割东西.

——哈尔·斯帕克斯(Hal Sparks)

切割法对于研究立体图形,特别是研究多面体是一个重要而有效的技巧.本章我们使用切割法建立各种多面体的体积公式.我们从平行六面体、空间的平行四边形开始推导包括棱柱、棱锥、棱台和四种柏拉图体的体积公式.我们也采用切割法研究等腰四面体和菱形十二面体.我们用多种方法将正方体切割成小正方体结束本节.

4.1 平行六面体、棱柱和棱锥

平行六面体是由位于三对平行平面的六个面组成的立体图形,它等价于底面是平行四边形的棱柱.矩形平行六面体的六个面都是矩形,它的体积定义为三个维度之积.利用这个定义,现在我们可以用切割法推导一般的平行六面体、棱柱和棱锥的体积公式.

如果平行六面体不是一个长方体,那么我们为它定出一个方向,使顶点到底面的一条高的垂足在底面内,但不在另一个顶点上,如图 4.1.1 所示(如果是这样的话,那么就选取面积最大的面作为底面).

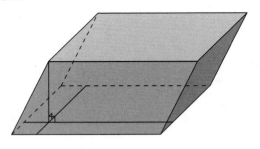

图 4.1.1

下面我们用图 4.1.2(a)中的粗直线切割这个立体图形,然后将切割出来的一块移动到这个立体图形的对面一侧,如图 4.1.2(b)所示.如有必要,我们重复第二次,如图 4.1.2(b)中的粗直线所示.

如果得到的图 4.1.2(c)中的立体图形是长方体,那么就完成了,且平行六面体的体积是原底的面积(因为图 4.1.2(c)中的底与图 4.1.2(a)的底的面积相同)与高的乘积. 如果图 4.1.2(c)中不是长方体,那么重复这一过程,得到图 4.1.2(d)中的长方体,体积还是底面积与高的乘积.

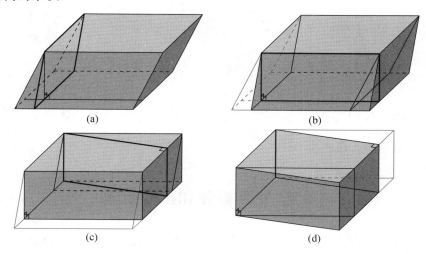

图 4.1.2

现在考虑三棱柱的情况,如图 4.1.3 所示. 因为三角形底面是一个平行四边形的一半,所以三棱柱的体积也是底面积与高的乘积.

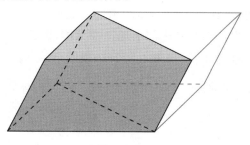

图 4.1.3

因为多边形可以分割成三角形,所以现在推导以多边形为底面的任何棱柱的体积还是底面积与高的乘积.

在例 1.3 中我们证明了棱锥的体积是等底等高的棱柱的体积的三分之一. 这里是推导这一结果的第二种方法. 和棱柱一样,只要考虑三棱锥的情况. 对于一个如图 4.1.4(a)那样的三棱锥,我们用一个全等于棱锥的底的三角形作为三棱柱的底构成图 4.1.4(b)中的三棱柱. 我们将该棱柱分割成如图 4.1.4(b)的样子,得到图 4.1.4(c)中的三个三棱锥,其中之一是图 4.1.4(a)中的原棱锥.

但是两个有同样的高,全等的底的棱锥有相同的体积(欧几里得的《几何原本》第 Ⅶ册的命题 5),对于两个有白底的棱锥和对于原棱锥和一个有深灰色上底的棱锥都成立.

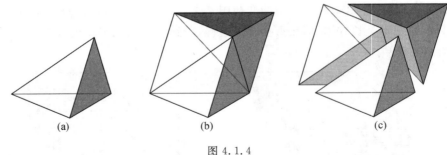

图 4.1.4

因为这些棱锥的体积都相等,所以其中每一个的体积都是棱柱的体积的三分之一,或 $\frac{1}{3}$×棱锥的底面积×高.

4.2 正四面体和正八面体

拥有了上一节的体积公式,我们现在用正四面体和正八面体各自的棱表示二者的体积.

正四面体是一个三棱锥,所以它的体积是底面积和高的乘积的三分之一. 但是计算这个体积的一个容易的方法是搞清楚在任何正方体中存在一个正四面体,它的六条棱是正方体的六个面的对角线,如图 4.2.1(a)所示.

我们可以将这个正方体切割到内部出现正四面体,因此正四面体的体积是这个正方体的体积减去四个三棱锥的体积,如图 4.2.1(b)所示.设 s 表示正四面体的棱长,$\mathrm{vol_T}(s)$ 表示它的体积,那么正方体的棱长是 $\frac{s}{\sqrt{2}}$,因此每个三棱锥的体积都是

$$\frac{1}{3} \cdot \frac{1}{2}\left(\frac{s}{\sqrt{2}}\right)^2 \cdot \frac{s}{\sqrt{2}} = \frac{\sqrt{2}\,s^3}{24}$$

因为正方体的体积是

$$\left(\frac{s}{\sqrt{2}}\right)^3 = \frac{\sqrt{2}\,s^3}{4}$$

所以我们有

$$\mathrm{vol_T}(s) = \frac{\sqrt{2}\,s^3}{4} - 4 \cdot \frac{\sqrt{2}\,s^3}{24}$$

$$= \frac{\sqrt{2}\,s^3}{12}$$

注意到正四面体的体积恰好是正方体的体积的 $\frac{1}{3}$.

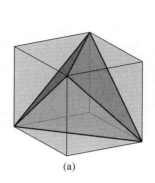
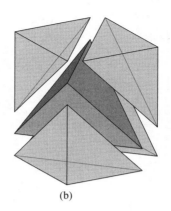

(a)   (b)

图 4.2.1

正四面体风筝

电话的发明者亚历山大·格拉汉姆·贝尔(Alexander Graham Bell)是风筝设计中使用正四面体的倡导者(Bell,1903).贝尔认识到正四面体结构的稳固性优于盒子状的正方体结构,贝尔的助手之一所持有的如图 4.2.2(a)所示的有许多小格的正四面体风筝可由以图 4.2.2(b)中的四巢室结构构成.

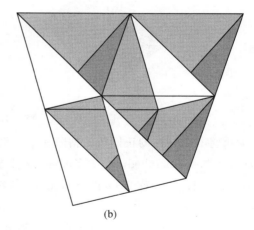

(a)   (b)

图 4.2.2

在任何正四面体的内部存在一个正八面体,它的棱长是这个正四面体的棱长的一半,见图 4.2.3(a).

我们将正四面体切割出现正八面体,因此正八面体的体积等于大四面体的体积减去四个小四面体的体积,如图 4.2.3(b)所示.设 s 表示正八面体的棱长,$\mathrm{vol}_O(s)$ 表示正八面体的体积,那么

$$\mathrm{vol}_O(s) = \mathrm{vol}_T(2s) - 4\mathrm{vol}_T(s) = \frac{\sqrt{2}(2s)^3}{12} - \frac{4\sqrt{2}s^3}{12} = \frac{\sqrt{2}s^3}{3}$$

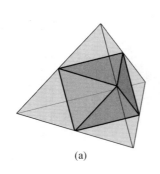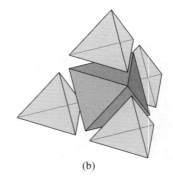

(a)　　　　　　　　(b)

图 4.2.3

作为一个额外的结果,我们还有棱长为 s 的正四棱锥(底面为正方形,侧面是四个等边三角形的棱锥)的体积 $\mathrm{vol}_{\mathrm{RSP}}(s)$ 的一个公式,因为正八面体可以被切割成两个这样的棱锥,如图 4.2.4 所示,有

$$\mathrm{vol}_{\mathrm{RSP}}(s)=\frac{1}{2}\cdot\mathrm{vol}_{\mathrm{O}}(s)=\frac{\sqrt{2}\,s^3}{6}$$

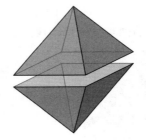

图 4.2.4

如果将八个同样的正四棱锥粘贴在一个正八面体的八个面上,就得到一个称为星状八面体(stellated octahedron)的多面体,或者被德国数学家和天文学家约翰尼斯·开普勒(Johannes Kepler)称为 stella octangula 的立体图形,见图 4.2.5.

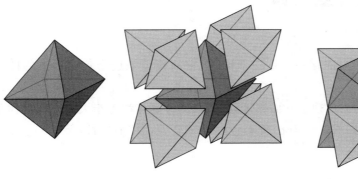

图 4.2.5

列奥纳多·达·芬奇(Leonardo da Vinci)为卢卡·帕乔利(Luca Pacioli)的关于黄金分割的著作 *De Divina Proportione*(1509)画了这样一个多面体(图 4.2.6).这个星状八面体的八个外侧的顶点是正方体的顶点,如果 s 表示原来的正八面体和正四面体的棱长,那么这个星状八面体的体积 $\mathrm{vol}_{SO}(s)$ 为

$$\mathrm{vol}_{SO}(s)=\mathrm{vol}_O(s)+8\mathrm{vol}_T(s)=\sqrt{2}\,s^3$$

图 4.2.6 约翰尼斯·开普勒和列奥纳多·达·芬奇的星状八面体的画作

4.3 正十二面体

12 这个数是正十二面体和正方体共有的:正十二面体有 12 个面,正方体有 12 条棱.事实上,一个正方体可以内接于一个正十二面体,正方体的每一条棱是正十二面体的五边形面的对角线.在图 4.3.1 中我们看到一个透明的正十二面体内有一个正方体.

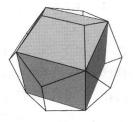

图 4.3.1

现在我们可以将这个正十二面体切割成一个内部的正方体和在正方体的 6 个面上的 6 个"屋顶".这样的切割使我们能够计算正十二面体的体积.如果用 s 表示这个正十二面体的棱长,那么这个正方体的棱长是 $s\varphi$,这里 φ 是黄金比.这个内部的正方体的体积是

$$(s\varphi)^3=s^3\cdot\varphi^2=s^3\varphi(\varphi+1)=s^3(2\varphi+1)$$

为了求每一个屋顶的体积,我们将每一个屋顶分割成两个相同的半棱锥和两个相同

的楔子,如图 4.3.2 所示.两个楔子合起来形成一个长方体,两个半棱锥合起来形成一个棱锥.

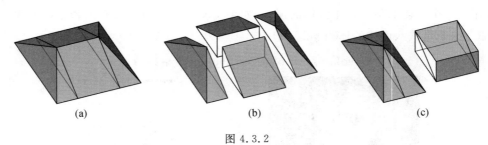

$$\text{(a)} \qquad\qquad \text{(b)} \qquad\qquad \text{(c)}$$

图 4.3.2

这个长方体的底面是一个 $s\times\dfrac{s\varphi}{2}$ 的矩形,面积是 $\dfrac{s^2\varphi}{2}$.棱锥的底面是 $s\varphi\times(s\varphi-s)$ 的矩形,面积是 $s^2(\varphi^2-\varphi)=s^2$.棱锥和长方体的公共的高 h 满足

$$\left(\frac{s\varphi}{2}\right)^2+\left(\frac{s\varphi-s}{2}\right)^2+h^2=s^2$$

所以 $h=\dfrac{s}{2}$.因此这个长方体的体积是 $\dfrac{s^2\varphi}{2}\cdot\dfrac{s}{2}=\dfrac{s^3\varphi}{4}$,棱锥的体积是 $\dfrac{1}{3}\cdot s^2\cdot\dfrac{s}{2}=\dfrac{s^3}{6}$.于是这 6 个屋顶的总体积是 $6\cdot\left(\dfrac{s^3\varphi}{4}+\dfrac{s^3}{6}\right)=s^3\left(1+\dfrac{3\varphi}{2}\right)$.于是棱长为 s 的正十二面体的体积 $\mathrm{vol}_{\mathrm D}(s)$ 是

$$\mathrm{vol}_{\mathrm D}(s)=s^3\left[(2\varphi+1)+\left(1+\frac{3\varphi}{2}\right)\right]=\frac{s^3(7\varphi+4)}{2}=\frac{s^3(15+7\sqrt{5})}{2}$$

我们将在 5.6 节中计算第五种正多面体,即正二十面体的体积.

4.4 棱 台

截头棱锥,即棱台(a frustum 是一个拉丁文名词,意为"一块")是棱锥的两个平行于底的平面之间部分.苏格兰裔、美国数学家埃里克·坦普尔·贝尔(Eric Temple Bell)认为这一公式就是棱台的体积公式.它在(莫斯科)纸莎草纸的第 14 个问题,即"最大的埃及金字塔"中被发现(Evis,1980).写于公元前 1850 年左右,包括 25 个问题的(莫斯科)纸莎草纸现在还存放于莫斯科博物馆内.写有第 14 个问题的纸莎草纸和手迹的一部分图片见图 4.4.1.

在图 4.4.2(a)中我们看见一个正四棱台,下底是棱长为 b 的正方形,上底是棱长为 a $(a<b)$ 的正方形,高为 h.

在图 4.4.2(b)中我们看到一个被切割后的棱锥形成一个棱台.棱台的体积 V 是高分别为 x 和 $x+h$ 的两个棱锥的体积之差,所以

$$V=\frac{1}{3}b^2(x+h)-\frac{1}{3}a^2x=\frac{1}{3}[x(b^2-a^2)+b^2h]$$

图 4.4.1

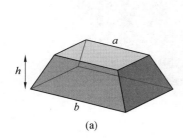

(a)

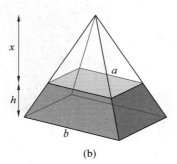

(b)

图 4.4.2

因为相似,所以

$$\frac{x}{a}=\frac{x+h}{b}\text{或}x(b-a)=ah$$

于是

$$x(b^2-a^2)=a(a+b)h$$

以及

$$V=\frac{1}{3}[a(a+b)h+b^2h]=\frac{h}{3}(a^2+ab+b^2) \tag{4.1}$$

这一结果的另一个证明,见文献(Kund,1699;Nelsen,1995).

以亚历山大的海伦(Hero 或 Heror)命名的两个非负实数 x 和 y 的海伦平均由 $\frac{x+\sqrt{xy}+y}{3}$ 给出,也是 x 和 y 这两个数的算术平均和几何平均的加权平均,即

$$\frac{x+\sqrt{xy}+y}{3}=\frac{2}{3}\cdot\frac{x+y}{2}+\frac{1}{3}\cdot\sqrt{xy}$$

公式(4.1)是说棱台的体积是其高和两个底面的面积 a^2 和 b^2 的海伦平均的积. 因此,棱台的体积 V 介于 hab 和 $\dfrac{h(a^2+b^2)}{2}$ 之间.

一个三棱台状的室外雕塑

美国艺术家伯罗斯·纽曼(Bruce Newmann)的 7.5 m 高的雕塑——三棱台房屋是德国罗拉赫(Lörrach)的罗拉赫雕塑大道上的 23 件艺术作品之一[瓦迪斯瓦夫·索伊卡(Wladyslaw Sojka)摄].

图 4.4.3

4.5　菱形十二面体

菱形十二面体(rhombic dodecahedron)是以 12 个全等的菱形为面的多面体,它有 24 条棱和 14 个顶点,其中 8 个顶点是 3 个菱形的交点,6 个顶点是 4 个菱形的交点,如图 4.5.1(a)所示.

每个面上的角是 $\arccos\dfrac{1}{3}\approx70°32'$ 或 $\arccos\left(-\dfrac{1}{3}\right)\approx109°28'$. 长对角线是短对角线的 $\sqrt{2}$ 倍,所以如果棱长是 s,那么短对角线是 $\dfrac{2\sqrt{3}s}{3}$,长对角线是 $\dfrac{2\sqrt{6}s}{3}$,见图 4.5.1(b).

我们可以用切割法计算菱形十二面体的体积,但是将这个过程倒过来,并构造 1 个立体图形要简单些. 构造的材料由 2 个正方体组成,我们将其中 1 个正方体切割成 6 个相同的棱锥,其侧棱由原正方体的 4 条体对角线确定,如图 4.5.2(a)所示(我们用阴影表示 6 个棱锥中的 1 个).

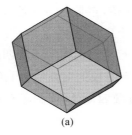 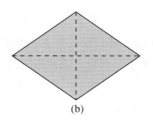

(a)　　　　　　　　　　　　(b)

图 4.5.1

接着我们将这 6 个棱锥粘贴在另一个正方体的 6 个面上,如图 4.5.2(b)所示.在图 4.5.2(c)中,我们看到结果了,这里我们将生成的面画成透明的以便看到内部的正方体. 2 个棱锥的相邻的面合用内部正方体的 1 条棱,并且位于同 1 个平面内(图 4.5.2(c)),因此形成一个菱形.如果我们设这个正方体的棱长等于 $\frac{2\sqrt{3}s}{3}$,那么菱形的边长是这个正方体的体对角线长的 $\frac{1}{2}$,即 $\frac{1}{2} \cdot \frac{2\sqrt{3}s}{3} \cdot \sqrt{3} = s$.因此我们就构造了菱形十二面体.这个棱长为 s 的菱形十二面体的体积 $\mathrm{vol_{RD}}(s)$ 就是两个正方体的体积,即

$$\mathrm{vol_{RD}}(s) = 2\left(\frac{2\sqrt{3}s}{3}\right)^3 = \frac{16\sqrt{3}s^3}{9}$$

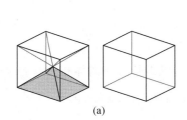 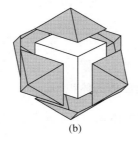 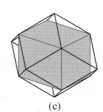

(a)　　　　　　　　(b)　　　　　　　(c)

如图 4.5.2

有第二种方法构造菱形十二面体,从 2 个全等的正八面体开始,将其中 1 个切割成 8 个全等的三棱锥,然后将这 8 个全等的三棱锥粘贴到另一个正八面体的 8 个面上.作为一个结果,可以证明这个菱形十二面体是 1 个能填满空间的立体图形,也就是说,许多同样的菱形十二面体可以像正方体那样填满空间.(Senechal et al,1988)

4.6　等腰四面体

在某种意义上,正四面体是等边三角形在三维空间的类似图形.其他四面体也是三角形在三维空间的类似图形.在本节中我们将讨论等腰四面体,它是等腰三角形在三维

空间的类似图形. 在 5.4 节中,我们将讨论直四面体,它是直角三角形在三维空间的类似图形,在这个过程中将出现毕达哥拉斯定理的一个三维版本.

等腰四面体是 3 对对棱的长相等的四面体. 可推出内接于等腰四面体的平行六面体是一个长方体,因为在平行六面体相对的面中,有等长的对角线,因此它的面必是矩形. 类似地,内接于一个长方体的一个四面体必是等腰四面体,因为相对的两个矩形的面的对角线的长相等,见图 4.6.1.

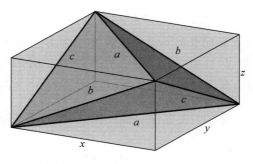

图 4.6.1

从图 4.6.1 可以看到等腰四面体的 4 个面是全等的三角形. 设等腰四面体的棱长是 a,b,c,长方体的棱长是 x,y,z,由毕达哥拉斯定理得到

$$a^2 = x^2 + y^2, b^2 = x^2 + z^2, c^2 = y^2 + z^2$$

所以

$$x = \sqrt{\frac{a^2 + b^2 - c^2}{2}}, y = \sqrt{\frac{a^2 + c^2 - b^2}{2}}, z = \sqrt{\frac{b^2 + c^2 - a^2}{2}}$$

棱长为 a,b,c 的等腰四面体的体积 $\mathrm{vol}_{\mathrm{IT}}(a,b,c)$ 可以由长方体的体积 xyz 减去每一个体积为 $\frac{xyz}{6}$ 的 4 个三棱锥的体积,得到 $\frac{xyz}{3}$,或者用四面体的棱表示,即

$$\mathrm{vol}_{\mathrm{IT}}(a,b,c) = \sqrt{\frac{(a^2 + b^2 - c^2)(a^2 + c^2 - b^2)(b^2 + c^2 - a^2)}{72}}$$

观察到等腰四面体的体积是其所内接的长方体的体积的三分之一.

4.7　哈德维格问题

在 1946 年 5 月美国数学月刊(*American Marhematical Monthly*)上出现了以下问题:

E724. 这是宾夕法尼亚大学的 N. J. 法恩(N. J. Fine)和波尔多大学的伊万·尼文(Ivan Niven)提出的.

第 4 章 切 割 法 ■ 65

定义一个 n 一容许数 k 是这样的数,使一个 n 维正方体可以被再分割成 k 个 n 维正方体.证明对于每一个 n,存在整数 A_n,使一切超过 A_n 的整数都是 n 一容许数.

这一问题由 F. 赫尔佐格(F. Herzog),P. 贝特曼(P. Bateman),J. B. 凯利(J. B. Kelly),L. 莫泽(L. Moser),W. 斯科特(W. Scott)和问题的提出者解决.瑞士数学家雨果·哈德维格(Hugo Hadwiger)与这一问题有关.

我们考虑 2 一容许数.显然 4 是 2 一容许数,因为容易将一个正方形再分割成 4 个正方形.也容易看出 2,3,5 都不是 2 一容许数.但是 6 和一切大于 6 的数都是 2 一容许数,如图 4.7.1 所示.

在图 4.7.1(a)中我们看到 6,7,8 都是 2 一容许数,在图 4.7.1(b)中我们看到如果 k 是 2 一容许数,那么 $k+3$ 也是 2 一容许数.

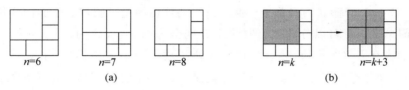

图 4.7.1

因此,我们要问:哪些数是 3 一容许数,也就是说,一个正方体能被分割成多少个正方体(大小不必不同)? 显然立方数 1,8,27 等都是 3 一容许数,但是还有许多其他的数也是 3 一容许数.例如,20 是 3 一容许数,因为 1 个 $3\times3\times3$ 的正方体能被分割成 1 个 $2\times2\times2$ 的正方体和 19 个 $1\times1\times1$ 的正方体.我们将这个结果写成 $20:1(2^3)+19(1^3)=27$.在图 4.7.2 中我们说明了 51 和 54 是 3 一容许数.

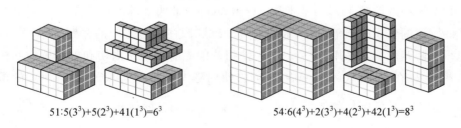

$51:5(3^3)+5(2^3)+41(1^3)=6^3$ $54:6(4^3)+2(3^3)+4(2^3)+42(1^3)=8^3$

图 4.7.2

容易看出,如果 m 和 n 都是 3 一容许数,那么 $m+n-1$ 也是 3 一容许数(把这个正方体分割成 m 个小正方体,再将其中之一分割成 n 个小正方体).因此,如果 m 是 3 一容许数,那么对于每一个正整数 k,数 $m+7k$ 都是 3 一容许数.

现在容易证明每一个数 $n\geqslant48$ 是 3 一容许数,只要证明数 $48,49,50,\cdots,54$ 是 3 一容许数(于是对于本节开始的月刊上的问题,$A_3\leqslant48$).这里是所需要的分割(51 和 54 的分

割上面已给出）

$$48:24(2)^3+24(1)^3=6^3$$

$$49:4(3)^3+9(2)^3+36(1)^3=6^3$$

$$50:2(2)^3+48(1)^3=4^3$$

$$52:1(6)^3+35(2)^3+16(1)^3=8^3$$

$$53:26(3)^3+27(2)^3=9^3$$

除了 1,8,20 和 27,其他许多小于 48 的数都是 3-容许数,例如,$15:7(2)^3+8(1)^3=4^3$ 和 $22:6(2)^3+16(1)^3=4^3$. 在挑战题 4.7 中,你可以证明 29,34,36,38,39,41,43,45 和 46 都是 3-容许数.出现的最大的 3-容许数是 47.(见挑战题 4.8)

华莱士－波尔约－格维也纳定理和希尔伯特第三个问题

以威廉·华莱士(William Wallace)、弗利兹·波尔约(Farkas Bolyai)和保罗·格维也纳(Paul Gerwien)命名的华莱士－波尔约－格维也纳定理叙述为平面内任何两个有相同面积的简单多边形可以分割成有限多个分别全等的小块.换句话说,我们可以将一个多边形分割成有限多个小块,然后将这些小块拼成另一个多边形.对于空间的两个多面体,类似的定理是否也成立呢？ 这个问题就是给出两个有相同体积的多面体,能否将其中的一个分割成许多小块,然后将这些小块拼成另一个多面体呢？ 这是 1900 年希尔伯特(Hilbert)在巴黎国际数学家大会上提出的 23 个数学问题(当时未解决)的名单中的第三个.在一年内希尔伯特的学生马克斯·戴恩(Max Dehn)举出了一个否定的反例解决了这一问题.空间的确比平面丰富得多！

圆柱和圆锥的体积公式早已为古希腊几何学家所知晓.欧多克斯(Eudoxus)和欧几里得知道圆锥的体积是底和高分别相同的圆柱的体积的三分之一(欧几里得的《几何原本》的第 Ⅳ 册中的命题 12),阿基米德(Archimedes)证明了球的体积是底和高都等于球的半径的圆锥的体积的 4 倍(阿基米德的关于球和圆柱的著作中的命题 34).欧多克斯、欧几里得和阿基米德都采用了"穷竭法"(微积分的先驱),即用内切和外接棱柱和棱锥确立了这些结果.在下一章(例 5.6)中,我们将使用称为卡瓦列里(Cavalieri)原理的祖暅原理的推广建立熟悉的圆柱的体积公式 $\mathrm{vol}_{cyl}=\pi r^2 h$ 和圆锥的体积公式 $\mathrm{vol}_{cone}=\dfrac{\pi r^2 h}{3}$.

4.8 挑 战 题

4.1 文献(Dudeney,1917)中问题 424 的叙述如下：

这里是在几年前给出的一个奇怪的机械谜题,我说不上是谁发明的.它由两块成功衔接在一起的木块组成(图 4.8.1).在另两个看不见的竖直面上的形状与看得见的形状相同.这两块木块是如何成功衔接在一起的呢?

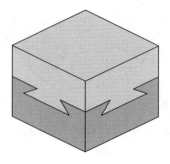

图 4.8.1

4.2　是否可能将 1 个 3×3×3 的立方体切割成 3 个 1×1×1 的立方体和 6 个 1×2×2 的长方体?

4.3　一个立方八面体(cuboctahedron)有 14 个面(8 个等边三角形和 6 个正方形),24 条相等的棱(每条棱将 1 个三角形和 1 个正方形分开)和 20 个相同的顶点(2 个三角形和 2 个正方形相交于此),如图 4.8.2(a)所示.如果一个立方八面体的棱长是 s,求其体积.(提示:见图 4.8.2(b).)

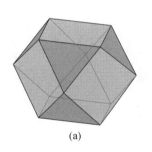

(a)　　　　　　　　　(b)

图 4.8.2

4.4　将 1 个正八面体的 6 个顶点都切去 1 个正四棱锥得到 1 个截头正八面体(a truncated octahedron),它有 6 个正方形面和 8 个正六边形面,如图 4.8.3 所示.如果截头正八面体的每一条棱的长都是 s,求其体积.

4.5　证明:当且仅当一个四面体的所有的面的周长都相等时,该四面体是等腰四面体.

4.6　证明:等腰四面体的各个面都是锐角三角形.

4.7　证明:数 29,34,36,38,39,41,43,45 和 46 都是 3－容许数.(提示:29＝22＋8－1,34＝27＋8－1,39＝20＋20－1 等.)

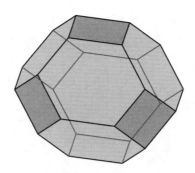

图 4.8.3

4.8 因为 $1(3)^3+1(4)^3+1(5)^3+3(16)^3+40(8)^3+1(33)^3=41^3$，$41^3$ 能写成 47 个立方数的和. 这能使 47 成为 3—容许数吗？

4.9 考虑一个正四面体，一个正八面体和一个正四棱锥，它们的棱长都是 s. 利用切割法(不计算体积)证明：(a)正八面体的体积是正四面体的体积的四倍；(b)这个正四棱锥的体积是正四面体的四倍.

4.10 证明：1 个正方体能切割成 6 个相同的正四面体.

第 5 章　截　　面

我对生活的一个片段不感兴趣,我想要的是想象的一个片段.

——卡洛斯·富恩特斯(Calos Fuentes)

将一个立体图形切割得到该立体图形的一个平面截面,这种切割既是研究立体图形本身的性质的技巧,也是研究截面中的几何图形的性质的技巧.在简短探访一个正方形的六边形截面之后,我们考查了建立在一个立体图形的截面的基础上,计算某些多面体的体积公式的两个重要的过程:锥体的公式和卡瓦利里原理.接着我们考查直四面体的德古阿(de Gua)定理,也就是直角三角形的毕达哥拉斯定理在三维的类似定理.在考查圆柱的截面的同时,我们推导了用一点(焦点)和一条直线(准线)的距离表示圆锥截线的表达式.接着我们考查每一个柏拉图体的截面去研究棱长和外接球的直径之间的关系.我们通过画过球心的截面(实际上没有把球切成薄片)求球的半径.这一章包括平行六面体定理,即平行四边形定理在三维的一个类似定理.

5.1　正方体的六边形截面

正方体的截面有许多形状,包括一些明显的图形,如正方形、矩形和三角形.令人惊讶的是正六边形截面,它由垂直于正方体的体对角线,并经过中心的平面所截.六边形的顶点是正方体的六条棱的中点.其中的一种情况见图 5.1.1.

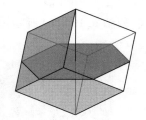

图 5.1.1

截面的最佳观察

如果我们在一个透明的正方体的一半用水彩涂色,就可能看到这个正方体的各种截面,包括六边形截面在内.对其他立体图形类似的结果也成立,例如对正四面体.(图 5.1.2)

2011 年加泰罗尼亚数学学会举办的袋鼠考试(Kangaroo Examination)包括以下问题:一个 $3 \times 3 \times 3$ 的正方体由 27 个同样的小正方体组成.有一个平面经过大正方体的中心,且垂直于大正方体的对角线.这个平面与几个小正方体相交?(图 5.1.3(a))

图 5.1.2

正确的答案是 19. 为了搞清这一点,注意到这 27 个小正方体中的 8 个没有被这个截面切到(4 个在图 5.1.3(b)中看到,还有 4 个隐藏在六边形截面的背后),或者对被六边形截面所截的正方体的区域计数(在图 5.1.3(c)中可以看到).

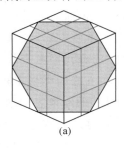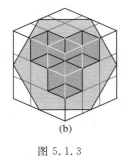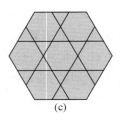

(a)   (b)   (c)

图 5.1.3

皮特·布洛姆和立方体住宅

荷兰建筑家皮特·布洛姆(Piet Blom)为鹿特丹设计了 74 个"正方体小屋",但是只有 38 个在 1978—1984 年间最终建成,每一个正方体的定向为垂直于正方体的一条体对角线,如图 5.1.4(a)所示. 每一间小屋有三层,两层是三角形的,主层是六边形,如图 5.1.4(b)所示.

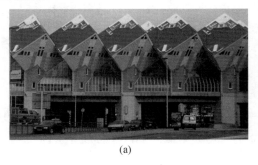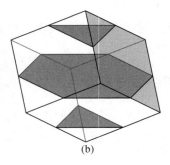

(a)   (b)

图 5.1.4

5.2　拟柱体和截头棱锥体的体积公式

　　拟柱体(prismatoid)是一个多面体,它的所有顶点都在两个平行平面内.平行平面的两个面是多边形,称为拟柱体的底面.侧面是三角形、梯形或平行四边形.两底之间的垂直距离称为拟柱体的高.如果两个底是边数相同的多边形,侧面是梯形或平行四边形,那么这个拟柱体称为截头棱锥体(prismoid).两底全等的截头棱锥体就是棱柱.拟柱体的图片见图 5.2.1(a).

　　为了计算拟柱体的体积 V,我们只须拟柱体的高 h,两底的面积 A_1,A_2 和中截面的面积 A_m,中截面是拟柱体的与两底平行,且在两底的中间位置的截面.(图 5.2.1(b))拟柱体的体积公式由

$$V=\frac{h}{6}(A_1+4A_m+A_2) \tag{5.1}$$

给出.

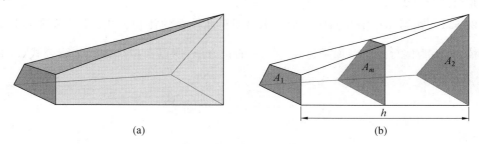

图 5.2.1

　　为了计算 V,我们在面积为 A_m 的截面内的某个位置选取一点 P,然后联结 P 和拟柱体的每一个顶点,如图 5.2.2(a)所示.这就把拟柱体切割成许多棱锥,拟柱体的面的每一个都有一个棱锥.现在考虑侧面上的一个棱锥,如图 5.2.2(b)所示.

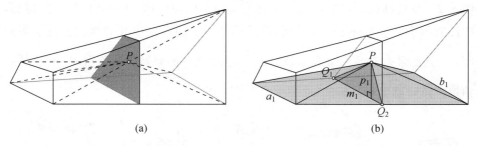

图 5.2.2

　　设 a_1,b_1 和 $m_1=\dfrac{a_1+b_1}{2}$ 分别表示侧面的底边和中位线的长,p_1 表示 P 到侧面的垂直

距离.棱锥的底面积是 m_1h,这是因为侧面是一个三角形,一个梯形或一个平行四边形.因此棱锥的体积是 $\frac{1}{3}p_1m_1h$.但是 p_1m_1 是中截面中的阴影 $\triangle PQ_1Q_2$ 的面积的两倍,因此棱锥的体积是 $\frac{h}{3} \cdot 2S_{\triangle PQ_1Q_2}$.类似地,底是拟柱体的侧面的另几个棱锥的体积是 $\frac{h}{3} \cdot 2S_{\triangle PQ_2Q_3}, \frac{h}{3} \cdot 2S_{\triangle PQ_3Q_4}, \cdots$

这些以拟柱体的侧面为底的棱锥的体积是 $\frac{h}{6}A_1, \frac{h}{6}A_2$,于是拟柱体的体积 V 是

$$V = \frac{h}{6}A_1 + \frac{h}{6}A_2 + \frac{2h}{3}(S_{\triangle PQ_1Q_2} + S_{\triangle PQ_2Q_3} + S_{\triangle PQ_3Q_4} + \cdots)$$
$$= \frac{h}{6}A_1 + \frac{h}{6}A_2 + \frac{h}{6}(4A_m)$$
$$= \frac{h}{6}(A_1 + A_2 + 4A_m)$$

这就是公式(5.1).

例 5.1 在第4章中我们用切割法求出了正四棱台的体积公式.再考虑图 4.4.2(a) 中的棱台.因为棱台的中截面是边长为 $\frac{a+b}{2}$ 的正方形,所以由拟柱体的体积公式(5.1)就得到

$$V = \frac{h}{6}\left[a^2 + 4\left(\frac{a+b}{2}\right)^2 + b^2\right]$$
$$= \frac{h}{6}(2a^2 + 2ab + 2b^2)$$
$$= \frac{h}{3}(a^2 + ab + b^2)$$

这与式(4.1)一致.

例 5.2 反棱柱(antiprism)是底面都是 n 边形的拟柱体.考虑直反棱柱的情况,其中直反棱柱的两个 n 边形都是正 n 边形,联结两个正 n 边形的中心的直线垂直于底面所在的平面,一个底面关于另一个底面旋转 $\frac{180°}{n}$,侧面是 $2n$ 个等腰三角形.当一对平行平面切割柏拉图体时就出现反棱柱,见图 5.2.3.

图 5.2.3

　　正四面体是一个直反棱柱和四个三棱锥的并,正方体是一个直反棱柱和两个三棱锥的并,正八面体本身就是一个直反棱柱,正十二面体是一个直反棱柱和两个五棱台的并,正二十面体是一个直反棱柱和两个五棱锥的并.因此每一个柏拉图体是一个直反棱柱,或者是一个直反棱柱和棱锥或棱台的并.

　　因为两个底面是正 n 边形的反棱柱的中截面是一个正 $2n$ 边形,它的边长是底面正 n 边形的边长的一半,我们可以用公式(5.1)计算体积 V.设 h 表示反棱柱的高,$A_n(s)$ 表示边长为 s 的 n 正边形的面积.利用初等三角知识,有 $A_n(s) = \dfrac{ns^2}{4} \cos \dfrac{\pi}{n}$,因此

$$V = \frac{h}{6} \left[2A_n(s) + 4A_{2n}\left(\frac{s}{2}\right) \right] = \frac{hns^2}{12} \left(\cot \frac{\pi}{n} + 4 \cot \frac{\pi}{2n} \right)$$

世界上最大的反棱柱

　　纽约城的曾称为"自由之塔"的大楼,建于 2006 年和 2013 年之间.塔的基本形状是一个巨大的直反棱柱,包括螺旋状结构在内的塔高是象征性的 1776 ft,见图 5.2.4[乔·梅布尔(Joe Mabel)摄].

图 5.2.4

　　拟柱体的体积公式用于除了平截头棱锥体以外的许多立体图形.利用微积分[定积分和辛普森(Simpson)法则]容易证明该公式给出任何具有以下性质的立体图形的正确体积:平行于底面的任何截面的面积是一个常数,到一个底面的距离是一个线性函数、二次函数或三次函数.

　　例 5.3　考虑一个半径为 r 的球,设球的北极和南极为"底".离一个极的距离 x 单位的截面的面积 $\pi(2rx - x^2)$ 是 x 的二次函数.因此拟柱体的体积给出球的体积的正确公式.所以我们有 $A_1 = A_2 = 0$,在球的赤道处的圆形截面的面积 $A_m = \pi r^2$,以及 $h = 2r$.于是

由公式(5.1)得到 $V=\dfrac{2r}{6}(0+4\pi r^2+0)=\dfrac{4\pi r^3}{3}$,这就是球的体积公式. 在下一节中,我们要用截面的另一种方法求球的体积公式.

5.3 卡瓦列里原理及其推论

卡瓦列里是波伦亚大学的教授. 他的两个让人难忘的原理,一个是关于面积的,另一个是关于体积的. 体积原理:如果两个立体图形包含在一对平行平面之间,如果被平行于这一对平行平面的任何平面截得的截面的面积都相等,那么这两个立体图形的体积也相等. 而这一原理从直觉上看是可信的,卡瓦利里通过他的"看不见的理论"证实了这一原理的正确性. 现在能用微积分证明了.

卡瓦列里

卡瓦列里原理是立体几何的一个重要工具,能够简单地推导出许多体积公式. 我们展现球的体积公式的两个证明.

例 5.4 在图 5.3.1 中我们有一个半径为 r 的半球在左边,一个半径和高为 r 的圆柱在右边,但除去了一个底面在上,顶点在下的圆锥.

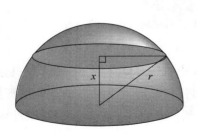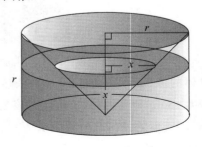

图 5.3.1

如果我们用一个平面在高 $x\in[0,r]$ 处截这两个立体图形,那么初等几何表明半球的阴影的圆盘的面积和圆柱的剩余部分的圆环的面积都等于 $\pi(r^2-x^2)$. 于是,由卡瓦列里

原理,这两个立体图形有相同的体积.因此这个球的体积是

$$V = 2[\text{vol}_{圆柱} - \text{vol}_{圆锥}]$$

$$= 2\Big[\pi r^2 \cdot r - \frac{1}{3}\pi r^2 \cdot r\Big]$$

$$= \frac{4}{3}\pi r^3$$

空间的等周长不等式

平面内经典的等周长不等式:如果 P 是一条封闭曲线的周长,A 是被这条封闭曲线包围的区域的面积,那么 $4\pi A \leqslant P^2$,当且仅当这条曲线是一个圆时,等式成立.在空间的类似的结果:如果 A 是一个封闭曲面的面积,V 是被这个封闭曲面包围的区域的体积,那么 $36\pi V^2 \leqslant A^3$,当且仅当这个曲面是一个球时,等式成立(Mitrinović et al,1989).

例 5.5　对于球的体积公式的第二个证明,我们将整个球与一个四面体比较,如图 5.3.2 所示(Eves,1991).在与球相切于北极和南极的两个平面内画互相垂直的线段 AB 和 CD,每一条的长都是 $2r\sqrt{\pi}$.然后画同样长的线段 AC,AD,BC 和 BD 形成一个具有 4 个全等的三角形面的等腰四面体.画联结 AB 的中点 M 和 CD 的中点 N 的线段,它与 AB 和 CD 都垂直.

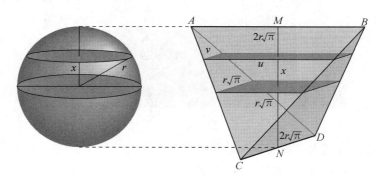

图 5.3.2

球的赤道平面截四面体得到一个边长为 $r\sqrt{\pi}$ 的正方形.平行于赤道平面,且与赤道平面的距离是 x 的圆的面积是 $\pi(r^2 - x^2)$,这个平面截四面体得到一个边长为 u(平行于 AB)和 v(平行于 CD)的矩形.由相似三角形(包含三角形 ABN 的四面体的截面)我们有

$$\frac{u}{r+x} = \frac{2r\sqrt{\pi}}{2r}$$

所以

$$u = (r+x)\sqrt{\pi}$$

类似地有

$$v = (r-x)\sqrt{\pi} \quad (由三角形 \ CDM)$$

所以

$$uv = \pi(r+x)(r-x) = \pi(r^2 - x^2)$$

由卡瓦列里原理,球和四面体的体积相等.

因为四面体是等腰的,它的体积 V(也是球的体积)是内接它的长方体的体积的 $\frac{1}{3}$,如 4.6 节所示.该长方体的高是 $2r$,正方形底面的对角线是 $2r\sqrt{\pi}$,即边长是 $r\sqrt{2\pi}$,于是

$$V = \frac{1}{3}(r\sqrt{2\pi})^2 \cdot 2r = \frac{4}{3}\pi r^3$$

球和四面体

在图 5.3.3 中我们看到在西班牙巴塞罗那的玛丽娜步行街上的建筑物屋顶上的球和四面体(Bj. Schoenmakers 摄).

图 5.3.3

也许负责建设这幢大楼的建筑师是知晓例 5.5 中的球的体积的公式的推导的.但是也许不知道,因为屋顶上的四面体是正四面体.

有些学者注意到卡瓦列里原理的推广已为中国数学家祖冲之的儿子祖暅所知晓:如果两个立体图形夹在一对平行平面之间,当且仅当这两个立体图形被这一对平行平面之间的一个平行平面截得的两个截面的面积永远是给定的比时,这两个立体图形的体积也是这个比.我们举两个例子来说明原理的这个版本的应用.

例 5.6 如图 5.3.4(a)所示,考虑一个底面半径为 r,高为 h 的直圆柱.我们可以作圆柱的一个外切的 $2r \times 2r \times h$ 的长方体.圆柱的截面和长方体的截面的面积的比是 $\frac{\pi}{4}$,因此圆柱的体积是 $\frac{\pi}{4} \cdot 4r^2 h = \pi r^2 h$.

我们可以将圆柱与底面为 $2r \times 2r$ 的正方形,高为 h 的四棱锥比较的方法类似地证明

底面半径为 r，高为 h 的直圆锥的体积为 $\frac{1}{3}\pi r^2 h$，如图 5.3.4(b) 所示.

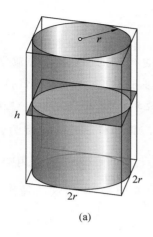

(a)   (b)

图 5.3.4

例 5.7 经过直圆柱底面的一条直径的一个斜的平面将圆柱割成一个圆柱状的楔子，如图 5.3.5(a) 所示.

为了求这个立体图形的体积，我们先求所示楔子的截面的面积 $A(x)$，即

$$A(x) = \frac{1}{2}\sqrt{r^2 - x^2} \cdot \frac{h}{r}\sqrt{r^2 - x^2} = \frac{h}{2r}(r^2 - x^2)$$

半径为 r 的球的相应的截面的面积(图 5.3.5(b))

$$B(x) = \pi(r^2 - x^2)$$

所以这两个截面的面积的比

$$\frac{A(x)}{B(x)} = \frac{h}{2\pi r}$$

因此它们的体积的比也是这个比，所以楔子的体积

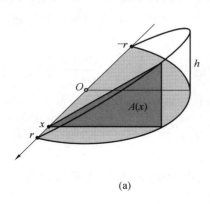
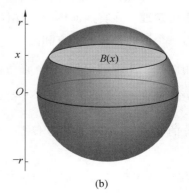

(a)   (b)

图 5.3.5

$$V = \frac{h}{2\pi r} \cdot \frac{4}{3}\pi r^3 = \frac{2}{3}r^2 h$$

安格拉·默克尔和化球为正方体

在埃温哈德·贝兰茨（Ehrhard Behrends）的有趣的书《五分钟数学》（Behrends, 2008）中,他叙述了以下故事:"德国新一届联合政府在 2005 年年末旷日持久的谈判后组成了,希望提出一个观点的候任总理安格拉·默克尔（Angela Merkel）对新闻界说,谈判的难度甚至超过化圆为方,也许就像把球化为正方体那样困难."化圆为方需要 $\sqrt{\pi}$ 的作图,把球化为正方体需要 $\sqrt[3]{\frac{4\pi}{3}}$ 的作图,在某种程度上这更困难些.因为用圆规和直尺是不可能做出这个立方根的,然而平方根是可能做出的.但是,当然这两种作图都是不可能的,所以比较它们的难度没有什么意义.

5.4　直四面体和德古阿定理

直四面体（right tetrachedron,或称为三直角四面体）是直角三角形在三维的类似图形,被定义为三个面在同一个顶点处两两垂直的四面体.三个两两垂直的面都是直角三角形,称为直四面体的直角面,第四个面（锐角三角形）称为直四面体的斜面.

我们以前曾见过直四面体,这是三棱锥的特殊情况,当时我们将长方体切除几个角,形成图 4.6.1 中的一个等腰四面体.将直四面体放在 $Oxyz$ 坐标系中会方便些,使三个直角面分别位于 Oxy 平面,Oyz 平面和 Oxz 平面内,直角顶点在原点,如图 5.4.1(a)所示.

毕达哥拉斯定理的一个三维版本表示为直四面体的各个面之间的关系.对应于二维的情况,该定理叙述为斜面的平方等于直角面的平方和.这个定理有时也称为德古阿定理,是为纪念法国数学家德古阿,虽然这个定理早已被他人知晓.

德古阿定理　在直四面体中,与两两垂直的三个面的公共顶点相对的面的面积的平方等于另三个面的面积的平方和.

利用图 5.4.1 中的记号,三个直角面的面积的平方和是 $\frac{a^2 b^2 + a^2 c^2 + b^2 c^2}{4}$. 为了求斜面（$\triangle ABC$）的面积,我们首先用一个包含 OC,且垂直于 AB 的平面得到图 5.4.1(b)中的阴影部分的截面.$\triangle AOB$ 的面积既是 $\frac{f\sqrt{a^2+b^2}}{2}$,也是 $\frac{ab}{2}$,所以 $f = \frac{ab}{\sqrt{a^2+b^2}}$. 于是 $\triangle ABC$ 的底是 $\sqrt{a^2+b^2}$,高是 $g = \sqrt{\frac{a^2 b^2}{a^2+b^2} + c^2}$,所以 $\triangle ABC$ 的面积是底乘以高的一半,即

$\frac{\sqrt{a^2 b^2 + a^2 c^2 + b^2 c^2}}{2}$,平方后得到直角面的面积的平方和.

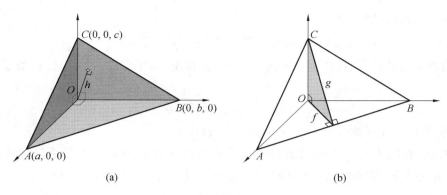

图 5.4.1

但是,与毕达哥拉斯定理不同的是德古阿定理的逆定理不成立;也就是说,存在一个四面体,它的三个面的面积的平方和等于第四个面的面积,然而这个四面体却不是直四面体.(见挑战题 5.13)

德古阿定理表明图 5.4.1 中的直四面体的斜面上的高 h 满足

$$\left(\frac{1}{h}\right)^2 = \left(\frac{1}{a}\right)^2 + \left(\frac{1}{b}\right)^2 + \left(\frac{1}{c}\right)^2 \tag{5.2}$$

这与平面中的解类似,其中直角三角形的斜边上的高 h 与直角边 a,b 满足 $\left(\frac{1}{h}\right)^2 = \left(\frac{1}{a}\right)^2 + \left(\frac{1}{b}\right)^2$.(见挑战题 5.10)

在挑战题 3.9 的解答中,存在一种对三维的柯西—施瓦茨不等式的纯代数证明:对于实数 a,b,c,x,y,z,我们有

$$|ax+by+cz| \leqslant \sqrt{a^2+b^2+c^2}\sqrt{p^2+q^2+r^2} \tag{5.3}$$

现在我们利用一个直四面体给出一个几何证明.对于正数 a,b,c,设 $\frac{1}{a}$,$\frac{1}{b}$,$\frac{1}{c}$ 是直四面体的棱长.那么斜面到顶点的最短距离是四面体的高 h,这里 $h = \dfrac{1}{\sqrt{a^2+b^2+c^2}}$.包含斜面的平面方程是 $ax+by+cz=1$,所以考虑由

$$P = \left(\frac{p}{ap+bq+cr}, \frac{q}{ap+bq+cr}, \frac{r}{ap+bq+cr}\right)$$

给出的斜面上点 P,这里 p,q 和 r 是不全为 0 的非负实数.P 到斜面所对的顶点的距离 d 是

$$d = \left(\frac{p^2}{(ap+bq+cr)^2} + \frac{q^2}{(ap+bq+cr)^2} + \frac{t^2}{(ap+bq+cr)^2}\right)^{\frac{1}{2}}$$
$$= \frac{\sqrt{p^2+q^2+r^2}}{ap+bq+cr}$$

因为 $h \leqslant d$，所以我们有

$$ap + bq + cr \leqslant \sqrt{a^2 + b^2 + c^2} \sqrt{p^2 + q^2 + r^2} \qquad (5.4)$$

容易将不等式(5.4)推广到 a, b 或 c 等于 0 的情况. 为了完成不等式(5.3)的证明,我们注意到

$$|ax + by + cz| \leqslant |a||x| + |b||y| + |c||z|$$

并将不等式(5.4)用于数 $|a|, |b|, |c|, |x|, |y|$ 和 $|z|$.

例 5.8 在图 5.4.2 中的直四面体中,设 P 是 O 到斜面 ABC 的高的垂足,设高为 h; α, β 和 γ 分别表示 OP 和 OA, OB, OC 的夹角;$x = |PA|, y = |PB|, z = |PC|$.

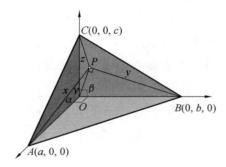

图 5.4.2

从式(5.2)推出 $\left(\dfrac{h}{a}\right)^2 + \left(\dfrac{h}{b}\right)^2 + \left(\dfrac{h}{c}\right)^2 = 1$,所以

$$\cos^2\alpha + \cos^2\beta + \cos^2\gamma = 1$$

或等价的

$$\sin^2\alpha + \sin^2\beta + \sin^2\gamma = 2$$

因此由柯西－施瓦茨不等式(5.3)我们有

$$|x + y + z| \leqslant \sqrt{\sin^2\alpha + \sin^2\beta + \sin^2\gamma} \sqrt{a^2 + b^2 + c^2}$$

因此 $x + y + z \leqslant \sqrt{2} \sqrt{a^2 + b^2 + c^2}$. 这一不等式是最好的可能,因为当 $a = b = c$ 时,等式成立.

5.5 等腰四面体的不等式

在 3.5 节中我们推导了对于一般的长方体的几个不等式,其中包括在长方体中,如果 V 表示体积,F 表示 6 个矩形面的总面积,E 表示 12 条棱的总长,那么 $6V^{\frac{2}{3}} \leqslant F \leqslant \dfrac{E^2}{24}$. 在本节中我们使用德古阿定理,AM-GM 不等式,海伦公式对一个等腰四面体的体积 V,4 个三角形的总面积 F,6 条棱的总长 E 推导一个类似的结果,即

$$6\sqrt[6]{3}V^{\frac{2}{3}} \leqslant F \leqslant \frac{\sqrt{3}E^2}{36} \tag{5.5}$$

等腰四面体的对棱的长相等,能内接于一个长方体,如图 4.6.1 所示. 在该图中,我们设 a,b,c 表示等腰四面体的棱长,x,y,z 表示长方体的长、宽、高.

为了确立式(5.5)中第一个不等式,我们用 x,y 和 z 表示 V 和 F. 在 4.6 节中我们证明了 $V = \dfrac{xyz}{3}$. 由德古阿定理,四面体的每一个面的面积的平方和是 $\left(\dfrac{xy}{2}\right)^2 + \left(\dfrac{yz}{2}\right)^2 + \left(\dfrac{xz}{2}\right)^2$. 于是 $F^2 = 4(x^2y^2 + y^2z^2 + z^2x^2)$. 现在 3 个数的 AM-GM 不等式(3.5)得到

$$\frac{F^2}{12} = \frac{x^2y^2 + y^2z^2 + z^2x^2}{3} \geqslant \sqrt[3]{x^4y^4z^4} = \sqrt[3]{(3V)^4}$$

由此推出式(5.5)中的第一个不等式,对于式(5.5)中的第二个不等式,我们用 a,b 和 c 表示 F 和 E. 我们用海伦公式来计算每个面的面积

$$\sqrt{\frac{(a+b+c)(a+b-c)(a-b+c)(-a+b+c)}{16}}$$

得到

$$F^2 = (a+b+c)(a+b-c)(a-b+c)(-a+b+c)$$

但是 $E = 2(a+b+c)$,所以由 AM-GM 不等式(3.5)得到

$$F^2 = (a+b+c)(a+b-c)(a-b+c)(-a+b+c)$$

$$\leqslant \frac{E}{2} \cdot \left(\frac{a+b+c}{3}\right)^3$$

$$= \frac{E}{2} \cdot \left(\frac{E}{6}\right)^3$$

$$= \frac{E^4}{432}$$

由此推得式(5.5)中的第二个不等式. 当四面体是正四面体时,式(5.5)等式全部成立.

5.6　科曼迪诺定理

意大利数学家费德里科·科曼迪诺(Federico Commandino)在 1565 年出版了 *De Centro Gravitates Solidorum*(立体图形的重心),包含了以他命名的定理. 这一定理涉及四面体的中线,即联结每一个顶点到对面重心的线段.

科曼迪诺定理　一个四面体的四条中线相交于同一点,这一点将每一条中线分成 $1:3$,在四面体的顶点一侧的线段较长.

设 $ABCD$ 是一个四面体,考虑由过棱 AB 和棱 CD 的中点 M 的平面截 $ABCD$ 形成的截面 $\triangle ABM$,如图 5.6.1(a)所示. 设 P 是 $\triangle ACD$ 的重心,Q 是 $\triangle BCD$ 的重心. 设 G 是

费德里科·科曼迪诺

四面体 $ABCD$ 的中线 AQ 和 BP 的交点. 现在我们证明 $|AG|=3|GQ|$, $|BG|=3|GP|$, 这样就证明这一定理了,这是因为我们能利用另一些截面重复关于四面体的任何一对中线的这一论断.

在证明中,我们观察到如果两个三角形有同样的高,那么它们的面积的比等于底边长的比. 在 $\triangle ABM$ 中画线段 GM,如图 5.6.1(b)所示. 因为

$$|AP|=2|PM| \text{ 和 } |BQ|=2|QM|$$

所以过点 G 的这些线段将 $\triangle ABM$ 分成五个三角形,面积分别是 $x,y,z,2y$ 和 $2z$,如图 5.6.1(b)所示. $\triangle BAP$ 的面积是 $\triangle BMP$ 的面积的 2 倍,所以 $x+2z=2(3y+z)$,因此 $x=6y$. 类似地,$\triangle ABQ$ 的面积是 $\triangle AMQ$ 的面积的 2 倍,所以 $x+2y=2(3z+y)$,因此 $x=6z$,所以 $y=z$. 于是 $\triangle AGM$ 的面积是 $\triangle GQM$ 的面积的 3 倍,但是因为这两个三角形的高相等,所以 $|AG|=3|GQ|$. 类似地,$\triangle BGM$ 的面积是 $\triangle GPM$ 的面积的 3 倍,因此 $|BG|=3|GP|$.

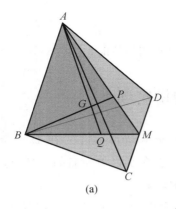

(a)

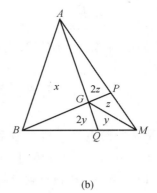

(b)

图 5.6.1

5.7 圆锥截线

圆锥截线（抛物线、圆和椭圆）和双曲线是古希腊人最初研究的著名曲线. 阿波罗尼奥斯（Apollonius）写了一本关于圆锥截线的基础性的著作，他把这些曲线看作是圆锥的截线. 在解析几何中我们学到的二次方程 $ax^2 + bxy + cy^2 + dx + ey + f = 0$ 的图形是一条圆锥曲线、一条直线、一对直线、一个点或虚曲线. 圆锥曲线在纯数学、应用数学、物理学和天文学中起着十分重要的作用. 例如像行星，彗星等天体的轨道的样式.

格林尼治天文台

位于英格兰格林尼治天文台的彼得·哈里森（Peter Harrison）天象馆建有一个截头圆锥状的建筑物，如图 5.7.1(a)所示［亚历山大·克林克（Alexander Klink）摄］.

圆锥的北侧垂直于地面，而南侧的倾斜角则与格林尼治的纬度相等. 圆锥的截面与地球的赤道平面平行，如图 5.7.1(b)所示.

在图 5.7.2 中我们看到三对对顶圆锥的两叶（由顶点连接的两个圆锥）、一条抛物线、一个椭圆，一个圆和一条双曲线，它们都是圆锥的截面.

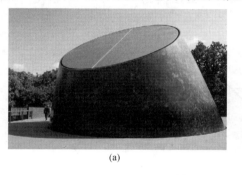
(a)

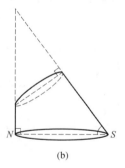
(b)

图 5.7.1

图 5.7.2

在解析几何与微积分中人们通常利用焦点－准线的性质把圆锥曲线作为点的轨迹进行研究,而不是像古希腊人用圆锥截线的方法研究圆锥曲线. 以下的定理和这两种方法——圆锥的截线和点的轨迹——的等价性漂亮的证明归功于 A. 凯特莱(A. Quetele)和 G. P. 丹迪林(G. P. Dandelin). (Eves,1983)

阿波罗尼奥斯　　　　　　　G. P. 丹迪林　　　　　　　A. 凯特莱

以下引理是我们的证明的关键:一点到平面的任何两条线段的长与这两条线段与平面的夹角的正弦成反比.

在图 5.7.3 中,我们看到 $z = x\sin\alpha = y\sin\beta$,因此 $\dfrac{x}{y} = \dfrac{\sin\beta}{\sin\alpha}$. 于是我们可以证明以下定理了.

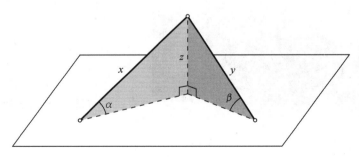

图 5.7.3

丹迪林－凯特莱定理　设 π 表示与一个直圆锥相交成一个圆锥曲线的一个平面,考虑与圆锥相切,且与 π 相切于点 F 的一个球(图 5.7.4). 设 π' 表示与球和圆锥都相切的圆确定的平面,设 d 表示 π 和 π' 的交线,P 是该圆锥截线上任意一点,D 是过点 P 的垂直于 d 的垂线段的垂足,那么比 $\dfrac{PF}{PD}$ 是一个常数.

设 E 是圆锥的过 P 的一条母线(圆锥上经过顶点的直线)和与球相切的圆的交点. 那么 $|PF| = |PE|$,这是因为 PF 和 PE 是球的切线. 设 α 表示圆锥的每一条母线与 π' 的夹角,β 表示 π 和 π' 之间的夹角. 此时

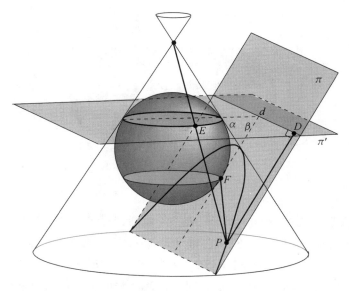

图 5.7.4

$$\frac{|PF|}{|PD|} = \frac{|PE|}{|PD|} = \frac{\sin \beta}{\sin \alpha}$$

而 $\dfrac{\sin \beta}{\sin \alpha}$ 是一个常数.

证明中的点 F 是圆锥曲线的焦点,直线 d 是准线.常数 $\dfrac{\sin \beta}{\sin \alpha}$ 常用圆锥曲线的离心率 e 表示.当 π 只平行于圆锥的一条母线时,$\alpha = \beta$,$e = 1$,该圆锥曲线是抛物线;当 π 截圆锥的一叶的每一条母线时,$\alpha > \beta$,$e < 1$,该圆锥曲线是椭圆;当 π 截圆锥的两叶时,$\alpha < \beta$,$e > 1$,该圆锥曲线是双曲线.

椭圆(和圆)也是用截圆柱上的一切母线(圆柱上平行于轴的直线)的一个平面截一个圆柱的结果.当这个平面垂直于圆柱的轴时,圆柱的截面内的曲线就是圆.当这个平面不垂直于圆柱的轴时,我们可以证明截面内的曲线是椭圆,也就是说,存在两点 F_1 和 F_2 (称为焦点)和一个常数 c,对于曲线上的每一点 P,我们有 $|PF_1| + |PF_2| = c$.(图 5.7.5)

对于半径为 r,与半径为 r 的圆柱内切,且与截面 π 相切的两个球,设 F_1 是右边的球的切点,F_2 是左边的球的切点.如果 P 是曲线上的点,那么 $|PF_1| = |PG_1|$,这里 G_1 是右边的球的赤道与圆柱的包含 P 的母线的交点.类似地,$|PF_2| = |PG_2|$,所以

$$|PF_1| + |PF_2| = |PG_1| + |PG_2| = |G_1 G_2| = c$$

这里 c 是两个球的赤道之间的距离.

机敏的读者会注意到我们对椭圆有两种不同的描述,一个涉及圆锥(一个焦点和准线),一个涉及圆柱(两个焦点).但是当平面 π 经过图 5.7.4 中的圆锥的所有母线时,我

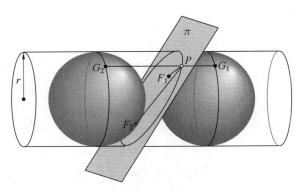

图 5.7.5

们可以在下面内切第二个球与 π 切于一点 F'. 设圆锥经过 P 和 E 的母线与第二个球相切的圆交于 E'. 那么 $|PF'|=|PE'|$,它和 $|PF|=|PE|$ 一起得到

$$|PF|+|PF'|=|PE|+|PE'|$$

但是 $|PE|+|PE'|$ 是一个常数,就是分别与这两个球的相切的两个圆之间的距离. 所以平面内与一个圆锥的所有母线都相交的曲线和与一个圆柱的所有母线都相交的曲线是相同的,都是到两个定点的距离的和是一个常数的点 P 的轨迹.

古代艺术作品中的椭圆截面

图 5.7.6 中我们看到的是在突尼斯的 Bardo 国家博物馆中古迦太基马赛克画的一部分[丹尼斯·贾维斯(Dennis Jarvis)摄]. 这位不知名的艺术家在打开的瓶口和杯底的设计中呈现了他对椭圆截面的一个直觉理解.

图 5.7.6

5.8　在球内内接一个柏拉图体

欧几里得的《几何原本》第 XIII 册的命题 18 是最后一册的最后一个命题,它提供了内接于同一个球的五种柏拉图体的每一种的棱长的做法.作图极为简单,基于一个半圆和几条垂直于直径的线段.图 5.8.1 是出现在《几何原本》的许多译本中的一个图形的简化版.

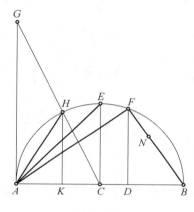

图 5.8.1

以 AB 为直径画一个半圆,在 AB 上取 C 和 D,使 $|AC|=|CB|$ 和 $|AD|=2|DB|$.画 AG 垂直于 AB,使 $|AG|=|AB|$.设 GC 交半圆于 H,画 HK 垂直于 AB.画 CE 和 DF 垂直于 AB,画 AH,AE,AF,BF,在 BF 上取 N,使 $|BF|=\varphi|BN|$,这里 $\varphi=\dfrac{1+\sqrt{5}}{2}$ 是黄金比,也是方程 $\varphi^2-\varphi-1=0$ 的正根.(欧几里得在命题 II.11 中描述了这是如何做的.)此时:

(a)AF 是正四面体的棱;

(b)BF 是正方体的棱;

(c)AE 是正八面体的棱;

(d)BN 是正十二面体的棱;

(e)AH 是正二十面体的棱.

我们首先利用三角形几何计算图 5.8.1 中各线段的长:设 $|AB|=d$,那么

$$|AF|=\frac{d\sqrt{6}}{3},\quad |BF|=\frac{d\sqrt{3}}{3},\quad |AE|=\frac{d\sqrt{2}}{2},\quad |BN|=\frac{d}{\varphi\sqrt{3}},\quad |AH|=\frac{d}{\sqrt{2+\varphi}}$$

为了验证论断(a)~(e)的正确性,我们考虑这五个立体图形中的每一个的截面.

(a)对于一个棱长为 s 的正四面体,考虑包含一条棱和相邻的面上的高的截面,如图

5.8.2 所示.

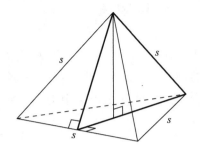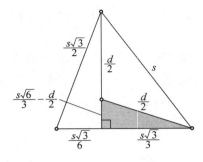

图 5.8.2

因为这两条高的长是 $\dfrac{s\sqrt{3}}{2}$,s 和 d 与灰色所示的直角三角形有关,我们有

$$\left(\frac{s\sqrt{6}}{3}-\frac{d}{2}\right)^2+\left(\frac{s\sqrt{3}}{3}\right)^2=\left(\frac{d}{2}\right)^2$$

于是 $s=\dfrac{d\sqrt{6}}{3}=|AF|$.

(b)对于一个棱长为 s 的正方体,球的直径 d 也是一个 $s\times s\sqrt{2}$ 的矩形的对角线,所以 $d^2=s^2+2s^2$,因此 $s=\dfrac{d\sqrt{3}}{3}=|BF|$.

(c)对于一个棱长为 s 的正八面体,d 是一个边长为 s 的正方形的对角线,因此 $s=\dfrac{d\sqrt{2}}{2}=|AE|$.

(d)对于一个棱长为 s 的正十二面体,考虑经过一对对棱的截面,如图 5.8.3 所示.

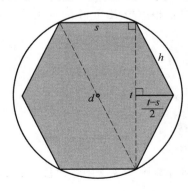

图 5.8.3

截面是一个六边形,它的其余四条边是五边形面的高,长是 $h=\dfrac{s\sqrt{4\varphi+3}}{2}$. 如果我们

设 t 是这对对边之间的距离, 那么 $\left(\dfrac{t-s}{2}\right)^2+\left(\dfrac{t}{2}\right)^2=\left(\dfrac{s\sqrt{4\varphi+3}}{2}\right)^2$, 由此推出 $t=s(1+\varphi)$.

但是 $d^2=s^2+t^2$, 因此 $d^2=s^2+s^2(1+\varphi)^2=3s^2(1+\varphi)=3s^2\varphi^2$, 或 $s=\dfrac{d}{\varphi\sqrt{3}}=|BN|$.

(e)对于一个棱长为 s 的正二十面体, 我们也考虑经过一对对棱的截面. 这个截面又是一个六边形, 十分像图 5.8.3 中的六边形, 它的其余四条棱是三角形面的高, 长是 $h=\dfrac{s\sqrt{3}}{2}$. t 还是这对对棱之间的距离, 我们有 $\left(\dfrac{t-s}{2}\right)^2+\left(\dfrac{t}{2}\right)^2=\left(\dfrac{s\sqrt{3}}{2}\right)^2$, 由此推出 $t=s\varphi$. 因此 $d^2=s^2+s^2\varphi^2=s^2(2+\varphi)$, 或 $s=\dfrac{d}{\sqrt{2+\varphi}}=|AH|$.

既然我们有了正二十面体的棱和包围它的球的直径之间的一个关系, 我们就可以计算这个正二十面体的体积 $\mathrm{vol}_1(s)$. 观察到正二十面体能被切割成二十个相同的三棱锥, 其底面的棱为 s, 三条长为 R 的棱相交于球心, 图 5.8.4 表示其中的一个三棱锥.

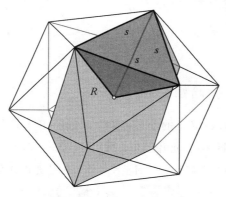

图 5.8.4

因为 $R=\dfrac{d}{2}$, 我们有 $R=\dfrac{s\sqrt{2+\varphi}}{2}$. 我们求三棱锥的高 h, 就像我们在图 5.8.2 中对正四面体所做的那样, 得到 $h=\dfrac{s\varphi^2}{2\sqrt{3}}$. 因为棱锥的底面积是 $\dfrac{s^2\sqrt{3}}{4}$, 所以我们有

$$\mathrm{vol}_1(s)=20\cdot\frac{1}{3}\cdot\frac{s^2\sqrt{3}}{4}\cdot\frac{s\varphi^2}{2\sqrt{3}}=\frac{5}{6}\varphi^2s^3=\frac{5}{12}(3+\sqrt{5})s^3$$

5.9 球 的 半 径

在例 1.4 中我们叙述了寻求球形物体, 如大理石球、排球或地球仪的体积的问题的解. 这个解属于游戏数学的范畴. 本节我们将呈现另一个解, 它建立在球的大圆, 经过球

心的截面的基础上. 所需的工具是一把圆规, 一把直尺, 一支铅笔和一张纸.

用铅笔在球面上标出 A 和 B 两点, 如图 5.9.1(a)所示, 用圆规确定 P_1, P_2 和 P_3 三点, 每一点到 A 和 B 的距离都相等. 这三个点确定一个经过球心的平面, 因为球心到 A 和 B 的距离也都相等.

现在用圆规在纸上画由这三点的直线距离确定的三角形, 如图 5.9.1(b)所示, 然后作该三角形的各边上的任意两点的垂直平分线, 求出过这三点的圆的圆心. 圆心到这三点中的任何一点的距离就是球的半径 r.

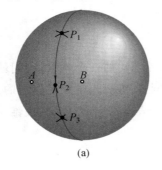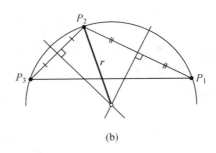

(a)   (b)

图 5.9.1

汉斯·塞巴尔德·贝哈姆的 *Melacholia*

图 5.9.2 中名为 *Melacholia* 的小雕塑(约 5 cm×8 cm)是德国雕塑家兼版画家汉斯·塞巴尔德·贝哈姆(Hans Sebald Beham)于 1539 年所作. 他的灵感来源于阿布雷特·丢勒(Albrecht Dürer)的 1514 年的同名名作. 该图是否在试图度量球的半径?

图 5.9.2

5.10 平行六面体法则

考虑图 5.10.1(a) 所示的棱长为 a,b,c 的平行六面体,其内部的四条对角线为 d_1, d_2,d_3,d_4. 我们断言四条对角线相交于同一点. 为搞清这一点,首先考虑由 d_1 和 d_2 确定的截面,如图 5.10.1(b) 所示.

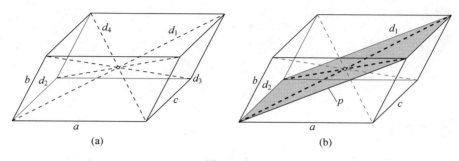

图 5.10.1

因为截面是平行四边形,所以 d_1 和 d_2 互相平分于用圆圈表示的一点. 现在考虑由 d_2 和 d_3 确定的截面,如图 5.10.2(a) 所示. 因为这个截面也是平行四边形,d_2 和 d_3 互相平分,所以 d_1,d_2 和 d_3 相交于一个公共点.

最后,考虑由 d_3 和 d_4 确定的截面,如图 5.10.2(b) 所示. 这个截面又是一个平行四边形,所以 d_3 和 d_4 彼此相交,于是所有四条对角线相交于一个公共点.

现在回忆一下平面内的平行四边形法则:两条对角线的平方和等于四边的平方和. 图 5.10.3 提供了一个建立在一个八面体的四个不同的截面之上的这个结果的一个直观的证明.

让我们将平行四边形法则用于平行六面体. 由图 5.10.1(b),我们有

$$d_1^2 + d_2^2 = 2p^2 + 2c^2$$

由图 5.10.2(b),我们有

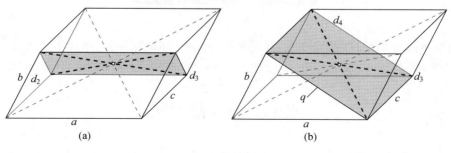

图 5.10.2

$$d_3^2 + d_4^2 = 2q^2 + 2c^2$$

将这两式相加（注意到 $p^2 + q^2 = 2a^2 + 2b^2$）得到

$$d_1^2 + d_2^2 + d_3^2 + d_4^2 = 4a^2 + 4b^2 + 4c^2$$

我们称上式为平行六面体法则：平行六面体的四条对角线的平方和等于该平行六面体的十二条棱长的平方和.

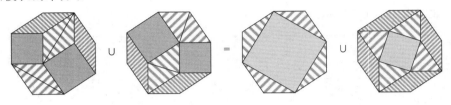

图 5.10.3

三维打印机

过去一个三维的物体是用如切割、雕刻、钻孔、塑造等减法处理的方法制成. 如今,先进的计算机实际上已经可能用加法处理的方法制造了,在这个情况下,放入如聚合物、陶瓷、金属粉末或熟石膏之类的材料连续加层形成所需要的任何三维形状. 在图 5.10.4 中我们看到在刘易斯－克拉克学院的以聚乳酸和丙烯腈－丁二烯－苯乙烯共聚物为原料的塑料喷墨三维打印机.

图 5.10.4

很多不同的 3D 打印技术存在,并用于各种工业(如建筑业等)和日用消费品(如眼镜等)的生产中.

5.11 挑 战 题

5.1 一个城市的每一幢立方体房屋的地板空间约 100 m². 每一个正方体的棱长必须是多少? 假定地板的各个角与正方体的棱相交于棱的中点.

5.2　用棱柱的体积公式验证我们在 4.2 节推导的正八面体的体积公式.

5.3　圆环状的甜面包圈(torus)是由一个圆绕圆外的一条直线旋转形成的物体,如图 5.11.1 所示.如果圆的半径是 r,圆心到旋转轴的距离是 R,这里 $R>r$,用卡瓦列里原理求圆环圈的体积.(提示:将圆环圈与半径为 r,长为 $2\pi R$ 的圆柱比较.)

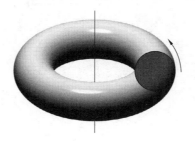

图 5.11.1

5.4　一个有孔珠子是将半径为 r 的球钻一个半径为 a 的小孔形成的,其中 $0<a<r$,如图 5.11.2 所示.用卡瓦列里原理求有孔珠子的体积,你只须测定孔高 h.(提示:将有孔珠子与直径为 h 的球比较.)

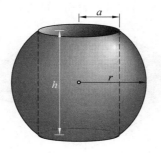

图 5.11.2

5.5　在例 1.5 中我们引进了双圆柱(也称 Steinmetz solid),是两个同样半径的圆柱垂直相交成直角形成的立体图形.图 5.11.3(a)是两个圆柱的图片,图 5.11.3(b)是双圆柱(bicylinder)的图片.

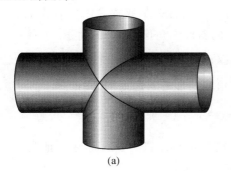

(a)　　　　　　　　　　　　　　(b)

图 5.11.3

用卡瓦列里原理的祖暅版求双圆柱的体积.

5.6　球带是一个球在两个平行平面之间的部分,如图 5.11.4 所示.

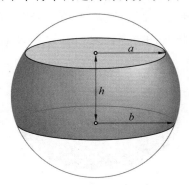

图 5.11.4

如果球带的两个底面是半径为 a 和 b 的圆,它的高是 h,证明:它的体积是 $\dfrac{\pi h}{6}(3a^2 + 3b^2 + h^2)$.(提示:将球带的截面与图 5.3.2 中的四面体的相应的截面比较.)

5.7　球冠是一个球被一个平面切去的部分,如图 5.11.5 所示.

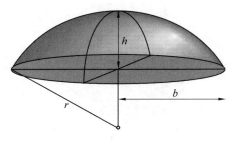

图 5.11.5

证明:图中球冠的体积与底面半径为 r,高为 $3r-h$ 的直圆锥的体积相同.

5.8　在例 5.7 和挑战题 5.5 中的立体图形都不是拟柱体,但是拟柱体的体积公式是否给出其中每一个立体图形的正确的体积? 为什么是或者为什么不是?

5.9　设 K 是图 5.4.1 中的直四面体的斜面三角形 ABC 的面积.证明

$$4K^2 \geqslant abc\sqrt{3(a^2 + b^2 + c^2)}$$

5.10　(a)设 h 是直角边 a 和 b 的直角三角形的斜边上的高.证明

$$\left(\frac{1}{h}\right)^2 = \left(\frac{1}{a}\right)^2 + \left(\frac{1}{b}\right)^2$$

(b)设直四面体的三条两两垂直的棱长是 a,b,c.斜面上的高为 h.证明

$$\left(\frac{1}{h}\right)^2 = \left(\frac{1}{a}\right)^2 + \left(\frac{1}{b}\right)^2 + \left(\frac{1}{c}\right)^2$$

5.11　假定你知道有三条两两垂直的方向,譬如说,左面、前面和底面的立体图形最大截面的形状.这三个截面是否确定这个立体图形的形状? 为了有助于回答这一问题,考虑这个老问题(Gardner,1961):"许多老谜题的书籍解释了如何切割一块软木,使它能够紧贴正方形、圆和等腰三角形的孔(图 5.11.6(a)).一个有趣的问题是如何求出这个软木塞子的体积."

(a)一个形状如图 5.11.6(b)所示的塞子(画成透明是为了显示三个截面).如果圆的半径是 1 in,正方形的边长和三角形的底和高都是 2 in,解决这一问题.(提示:考虑三角形截面的面积.)

(b)另一个紧贴这三个孔的塞子是一个圆柱切去两个楔子,如图 5.11.6(c)所示.求这个塞子的体积.

(c)是否存在其他形状的塞子?

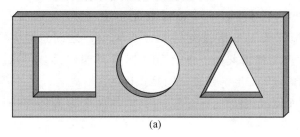  

(a)　　　　　　　　　　(b)　　(c)

图 5.11.6

5.12　是否存在对两个立体图形的表面积(表面积包括底面积)的卡瓦列里原理的一个版本? 以下说法是否成立?

如果两个立体图形夹在两个平行平面之间,如果任何两个平行截面的周长永远相等,那么这两个立体图形的表面积相等.

5.13　证明德古阿定理的逆定理不成立,所用的方法是证明图 5.11.7 中的四面体 $ABCD$ 不是直四面体,但是三个面的面积的平方和等于第四个面的面积的平方.

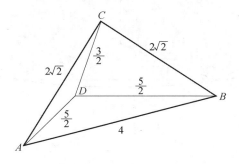

图 5.11.7

5.14 证明:在任何四面体中,每个顶点和共点的各个面的重心形成一个较小的四面体,它的体积是原四面体的体积的 $\frac{2}{27}$.(图5.11.8)

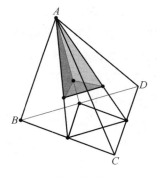

5.15 三维的三角形不等式是说,当 a,b,c,x,y,z 是实数时,有

$$\sqrt{(a+x)^2+(b+y)^2+(c+z)^2}$$
$$\leqslant\sqrt{a^2+b^2+c^2}+\sqrt{x^2+y^2+z^2}$$

(a)这个不等式与三角形有什么关系?

图5.11.8

(b)证明:三维的三角形不等式等价于三维的柯西-施瓦茨不等式(5.3).

5.16 在挑战题2.11及其解答中你学到了空间的相切数至少是12.证明:将12个单位球与中间1个单位球相切,且使这12个球中没有2个球彼此相切.(提示:见5.7节.)这导致牛顿(Newton)和苏格兰数学家大卫·格雷戈(David Gregory)之间意见不一,牛顿相信空间的相切数等于12,而大卫·格雷戈相信将前面的12个球重新排列可以改变,使得第13个球可以与中间的球相切.1953年牛顿被证明是正确的.

5.17 一个单位球内接一个正十二面体或内接一个正二十面体,这两个多面体哪一个体积大?

5.18 证明:著名的正五边形-正六边形-正十边形恒等式(欧几里得的《几何原本》第Ⅷ册命题20):假定一个正五边形,一个正六边形和一个正十边形都内接于同样半径的圆中.如果 p,h 和 d 分别表示这三个正多边形的边长,证明:$p^2=h^2+d^2$.也就是说,p,h 和 d 是一个直角三角形的三边长.(提示:考虑侧棱的长为 p,高为 a,底面的外接圆的半径为 r 的正五边形棱锥,如图5.11.9所示.显然 $r=h$,所以只须证明 $a=d$.)

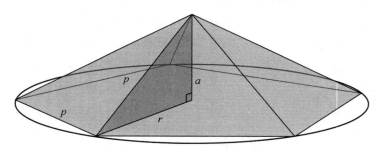

5.11.9

第 6 章　交

每一个交都有一个故事.

———凯瑟琳·邓恩(Katherine Dunn)

在例 1.5 和挑战题 5.5 中我们看到像一对圆柱那样简单的两个物体的交如何能生成一个比较复杂的物体,即双圆柱.本章我们继续考查空间中的相交.我们从空间的异面直线以及平面内的共点线开始.接着我们考查三圆柱,即三个圆柱的交形成的立体图形.我们研究四面体中的角,既研究由包含相邻的面的一对平面形成的二面角,也研究相交于一点的三个平面形成的三面角.直线和四面体的面的交使我们能够做出四面体的外接球.我们研究球面三角形,它是由过球心的三个平面截一个球得到球的大圆形成的.我们还研究用一个圆柱截一个球得到从球的外部确定一个球的半径的一个实用的方法.我们用一个被称为鲁伯特(Rupert)王子的立方体的物体产生的一个令人惊讶的结果结束本节.

圆环圈截面

考虑挑战题 5.3 和一个截圆环圈的平面.如果这个平面包含旋转轴,那么它就将圆环圈切成左右各半,截面是两个不相邻的相同的圆.如果这个平面垂直于旋转轴,那么它就把圆环圈切成上下各半,截面由两个同心圆组成,如图 6.0.1 所示.

图 6.0.1

有点不可预料和奇怪的是圆环圈有其他一些圆形截面,这些截面由平面斜切圆环圈得到,如图 6.0.2 所示.

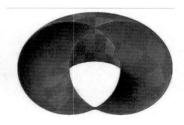

图 6.0.2

图 6.0.2 所示的截面中相交的圆被称为 Villarceau 圆,这是法国数学家和天文学家 Antoine-Joseph Yvon Villarceau 在 1848 年发现的,所以以他的名字命名. 在挑战题 8.9 中你可以证明 Villarceau 圆确实是圆,并求出这两个圆的共同的半径以及两个圆心之间的距离.

6.1　异　面　直　线

平面内的两条直线或者相交,或者平行. 对于空间的直线,情况较为有趣. 空间的直线可以相交,可以平行,也可以异面. 异面直线是不在同一平面内的直线,所以它们既不相交也不平行(我们常把这样的直线归为"一般位置"). 见表示穿过一个正方体的三条异面直线的图 6.1.1(a)(要证明它们的确是异面直线).

当图 6.1.1(a)中这样的三条直线的确不相交时,我们可以证明存在第四条直线和这三条直线都相交. 也许奇怪的是空间中存在无穷多条直线与三条给定的直线都相交.

考虑一般位置下的三条直线,再考虑包含直线 l_1,且与直线 l_2 相交于点 P 的平面 π_1, 如图 6.1.1(b)所示. 于是 P 和 l_3 确定第二个平面 π_2. π_2 和第一条直线 l_1 相交于 Q. 那么 PQ(π_1 和 π_2 的交线,如果必要就延长)交 l_3 于点 R,所以我们有一条直线与 l_1,l_2 和 l_3 都相交. 但是这个作图对于经过 l_1 的一切平面都是可能的,如果我们从不同于 π_1 的平面 π_1'

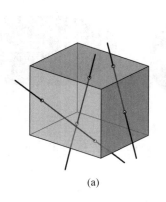

(a)

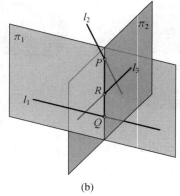

(b)

图 6.1.1

开始,我们将做出一条不同的直线,因为 P 和 R 将不在 π'_1 上. 我们也可从 l_2 或 l_3 开始作图,作与 l_1, l_2 和 l_3 都相交的额外的一些直线.

6.2 平面内共点的直线

现在我们考虑一种情况作为前一节的补充. 我们考虑的不是空间的三条异面直线,而是平面内三条共点的直线. 在这些直线上选取两个三点组 $\{A,B,C\}$ 和 $\{A',B',C'\}$,并画两个阴影三角形,如图 6.2.1 所示.

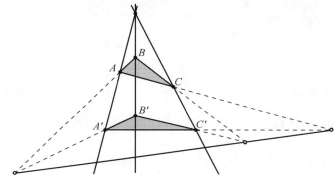

图 6.2.1

现在考虑由三角形 ABC 和三角形 $A'B'C'$ 的对应边确定的各对直线的三个交点(如果存在的话). 我们断言这三个交点在一条直线上,如图 6.2.1 所示.

确立这一断言是用立体几何解决平面几何问题的(另一个)例子. 把原来三条直线看成是一个三棱锥的棱,或者是一个三脚架的三条腿,然后这两个三角形中的每一个都是三棱锥或三脚架和一个平面的交. 由三角形的相应的各对边确定的虚线位于这两个平面内,除非这两个平面平行,它们会相交于一条直线.

6.3 三个相交的圆柱

在例 1.5 和挑战题 5.5 中,我们曾经遇到过双圆柱,这是由两个同样半径的圆柱垂直相交而形成的立体图形. 现在我们考虑三圆柱,这是由三个同样半径 r 的圆柱两两垂直相交而形成的立体图形. 图 6.3.1(a) 是三个圆柱的图片,图 6.3.1(b) 是三圆柱的图片.

三圆柱的结构有点像 4.5 节中的菱形八面体. 它像菱形八面体那样,有 12 个面,24 条棱和 14 个顶点,其中的 8 个顶点是 3 个面的交点,6 个顶点是 4 个面的交点. 差别在于它的面不是平面,而是圆柱面.

我们将它切割成一个内部的正方体和 6 个相同的棱锥状的三圆柱帽子,在每个面上有 1 个,从而可以求出它的体积. 在图 6.3.1(c)中,我们看到内部的正方体和 3 个帽子.

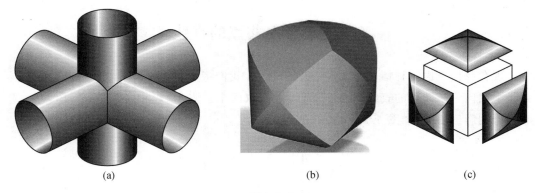

(a)   (b)   (c)

图 6.3.1

内部的正方体的棱长是 $r\sqrt{2}$,所以它的体积是 $2\sqrt{2}\,r^3$. 每一个三圆柱的截面都平行于它所在的正方形的面,所以这个三圆柱帽的体积是相应的球冠的 $\dfrac{4}{\pi}$ 倍,该球冠是从半径为 r 的球截得的,其高 $h=\dfrac{2-\sqrt{2}}{2}r$. 球冠的体积(由挑战题 5.7)

$$\frac{\pi h^2}{3}\cdot(3r-h)=\frac{(8-5\sqrt{2})\pi r^3}{12}$$

因此每个三圆柱帽的体积是 $\dfrac{(8-5\sqrt{2})r^3}{3}$. 于是三圆柱的体积 V 是

$$V=2\sqrt{2}\,r^3+6\cdot\frac{(8-5\sqrt{2})r^3}{3}=8(2-\sqrt{2})r^3$$

五金店中的相交圆柱

一对圆柱相交形成的双圆柱在卖管道和电器零件的五金店是常见的,如图 6.3.2 所示.

图 6.3.2

　　三个圆柱相交形成的三合一的物件,即三圆柱生活中较为少见,但是在五金店也可能会见到,如图 6.3.3 所示.

图 6.3.3

6.4　球面三角形的面积

　　在平面几何中,已知三角形的角的大小是无法求出三角形的面积的,但是在球面几何中已知角的大小(包括球的半径)就可求出一切.

　　在球面几何中,"直线"就是大圆弧,大圆是球与经过球心的平面的交线. 在图 6.4.1(a)中我们看到两个大圆相交于一对相对的顶点形成四个球面半月形,其中一个画有阴影. 半月形中的角是二面角,即两个平面之间的角. 如果一个半月形的二面角是 θ(弧度制),球的半径是 r,那么半月形的面积 $L(\theta)$ 是球的表面积 $4\pi r^2$ 的 $\frac{\theta}{2\pi}$ 倍(我们将在第 10 章中建立这一公式),或 $L(\theta)=2r^2\theta$,每一对大圆产生两对同样的球面半月形.

　　三个大圆相交形成八个球面三角形,其中每两个成一对. 在图 6.4.1(b)中我们看到这样的一对,深灰色和浅灰色阴影. 如果三角形的(二面)角是 α,β,γ,面积是 K,那么我们将证明

$$K=r^2(\alpha+\beta+\gamma-\pi) \tag{6.1}$$

　　因为由三个大圆确定的这六个半月形(对于这两个阴影三角形的六个角中的每一个角所对一个半月形)的总面积是球的面积加上这个球面三角形的面积 K 的 4 倍,所以我们有

$$4\pi r^2+4K=L(\alpha)+L(\beta)+L(\gamma)=4r^2(\alpha+\beta+\gamma)$$

　　球面三角形的面积公式(6.1)有时称为吉拉尔定理,或吉拉尔公式,它是以法国数学家艾伯特·吉拉尔(Albert Girard)的名字命名的. 但是,有证据表明英国数学家托马斯·哈里奥特(Thomas Harriot)更早知道这一公式.

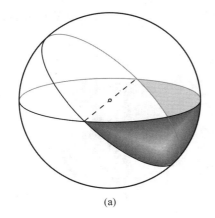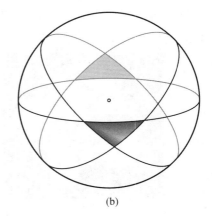

(a)   (b)

图 6.4.1

艾伯特·吉拉尔   托马斯·哈里奥特

这一定理中的球面三角形可以很容易地推广到球面多边形. 我们用类似于将平面 n 边形分割成三角形的方法, 也将球面 n 边形分割成 $n-2$ 个球面三角形. 将上面的结果用于这 $n-2$ 个球面三角形, 对于球面多边形的面积 A_n, 得到

$$A_n = [S_n - (n-2)\pi]$$

这里 S_n 表示球面 n 边形的二面角的和(弧度制).

悉尼歌剧院

悉尼海港的歌剧院(图 6.4.2)由丹麦建筑师约恩·乌松(Jørn Utzon)设计, 建于 1957 和 1975 之间. 著名的歌剧院屋顶形如巨型船舶的风帆.

每一个风帆的表面是半径为 246 ft 的球面的一部分, 这部分几乎是一个球面三角形, 如图 6.4.3 的三张照片所示, 照片取自于歌剧院附近的一幅金属板."三角形"的两边是球的大圆, 但是第三边不是.

图 6.4.2

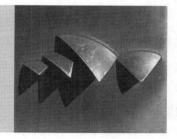

图 6.4.3

6.5　四面体的角

在某种意义上,四面体是平面三角形在三维的类似情况. 在平面几何中关于三角形的角有许多结果,最简单且最熟知的当然就是内角和是 π. 在四面体中是否有类似的情况呢?

我们首先注意到一个四面体有许多角. 首先有 12 个面角,即 4 个面中每个面有 3 个角. 接着是 6 个二面角,即形成四面体的每一条棱的两个平面之间的角. 为了计算二面角的大小,我们考虑垂直于棱的两个平面之间的角,如图 6.5.1(a)所示.

其次,有 4 个三面角(或立体角),即每一个顶点处的角. 立体角的大小定义为单位球(即半径为 1 的球)上被顶点在球心的立体角的内部所截形成的区域的面积. 图 6.5.1(b)为显示单位球上的三角形,其中三面角的各个面都画成透明的.

立体角的度量单位是立体弧度[steradian,steradian 源自希腊文 $\sigma\tau\varepsilon\rho\varepsilon o$(意为(立体)和拉丁文 radius 意为(弧度)]. 例如,因为单位球的面积是 4π,长方体盒子的每个角上的

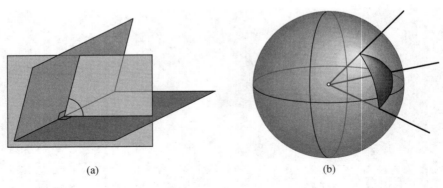

图 6.5.1

三面角的大小都是 $\frac{4\pi}{8}=\frac{\pi}{2}$ 个立体弧度,一个"平的"三面角(平面内的一个"Y"形)是 2π 个立体弧度.

立体角在摄影学中起着十分重要的作用,光强度是测量从光源发出的光线在 1 个立体弧度的立体角内穿过的光线强度大小的单位.

在一个四面体中,顶点 A 处的三面角 S_A 和三个相邻的二面角 α,β,γ 与式(6.1)中的 $r=1$ 有关,所以 $S_A=\alpha+\beta+\gamma-\pi$. 现在由此推出(见挑战题 6.2)一个四面体的三面角的和 T 以及二面角的和 D 满足 $T=2D-4\pi$. 但是关于 T 我们能说什么呢?关于 D 呢?

容易证明对于不同的四面体 T 和 D 有不同的值. 例如,在图 6.5.2(a)中接近于平的四面体中,T 接近于 0,D 接近于 2π;在图 6.5.2(b)的接近于平的四面体中,T 接近于 2π,D 接近于 3π. 文献(Gaddum,1952)对于任何四面体都有 $0\leqslant T\leqslant 2\pi,\pi\leqslant D\leqslant 3\pi$ 的一个证明.

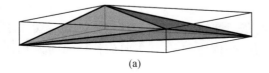
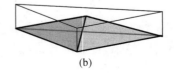

图 6.5.2

度量平面三角形的角的另一个方法是利用外角. 外角为两边的垂线(或法线)之间的角,如角 α',β',γ',如图 6.5.3(a)所示. 在图 6.5.3(b)中,可见到 $\alpha'+\beta'+\gamma'=2\pi$.

对于一个四面体的三面角我们可以做些什么样类似的事情呢?将外三面角定义为由相交于四面体中心三个面的三条法线形成的一个立体角(Allendoerfer,1965). 于是对于任何四面体,三个外三面角的和是 4π,如图 6.5.4 所示.

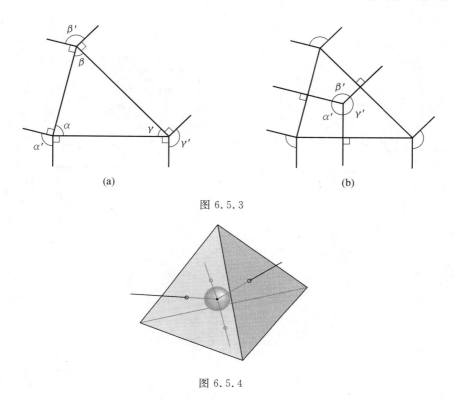

图 6.5.3

图 6.5.4

6.6 四面体的外接球

在《几何原本》第 Ⅳ 册的命题 5 中,欧几里得给我们展示了如何画任意三角形的外接圆.我们用这个作图去说明在空间的类似的情况也成立:我们可以作任何给定的四面体的外接球.

给定三角形 ABC,我们作三边的垂直平分线确定它的外心(外接圆的圆心),如图 6.6.1(a)所示.如果现在我们经过三角形的外心作三角形所在平面的垂线 L,那么 L 上的每一点到顶点 A,B,C 的距离相等.因为图 6.6.1(b)中的三个阴影直角三角形全等.

现在给定一个四面体 $ABCD$,考虑垂直于面 ABC 所在平面的直线 L,垂足为 F,也考虑垂直于面 ABD 所在平面的直线 M,垂足为 G,如图 6.6.2 所示.

直线 L 和 M 必都位于经过 AB 的中点 E,且垂直于棱 AB 的平面内,因为 EF 和 EG 都属于这一平面.于是 L 和 M 相交于到四面体的四个顶点的距离相等的点 P.于是 P 是四面体 $ABCD$ 的外接球的球心.因为 P 到四个顶点的距离相等,所以点 P 也在经过外接球的球心,且与另两个面垂直的直线上.于是我们有结论:给定一个四面体,它的外接球的球心是四条经过面的外心,且垂直于面的直线的交点.

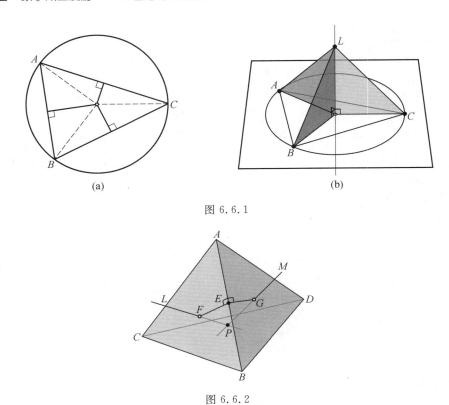

图 6.6.1

图 6.6.2

6.7　重观球的半径

在第 1 章和第 5 章中我们曾见过求球形的物体,如排球、台球等的半径的两种方法.这里是利用被称为测球仪的工具的第三种方法.测球仪由三个物件组成,一件是在已知半径为 r 的圆上带有三条腿的圆盘,一件是一条可以升降的位于中心的腿,以及用来测量中心腿上第二个较小圆盘升降多少的刻度尺,见图 6.7.1.

测球仪的简单的数学模式是一个与圆柱的轴重合的带一个可移动的杆子的空心圆柱,如图 6.7.1(b)所示.当空心圆柱被放在如图 6.7.2 所示的球上时,杆子被一个相应于球进入圆柱的距离 x 取代.

现在根据 x 和圆柱(由测球仪的制造厂商供应)的半径 r 计算球的未知半径就容易了,这里 $r < R$. 对虚线的直角三角形用毕达哥拉斯定理得到 $R^2 = (R-x)^2 + r^2$,化简后变为 $R = \dfrac{r}{2}\left(\dfrac{x}{r} + \dfrac{r}{x}\right)$,即 $\dfrac{x}{r}$ 和它的倒数的算术平均数的 r 倍.

(a)

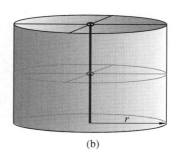
(b)

图 6.7.1

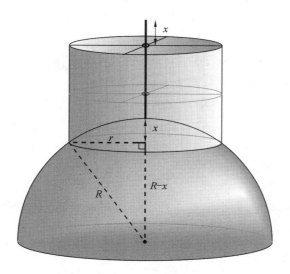

图 6.7.2

6.8　作为点的轨迹的球

对一个球的最简单的描述是将球看作是点的轨迹,也许最熟悉的是空间到一个定点等距离的点的集合. 但是存在另一种对轨迹的描述. 给出空间两个不同的定点 A 和 B,使 $\angle APB$ 是直角的点 P 的轨迹是以线段 AB 为直径的球. 这等价于欧几里得在《几何原本》中的这一定义,即看作是绕直径旋转的半圆(第 XI 册的定义 14).

对于建立在上面的两个不同的定点 A 和 B 的基础上的另一个轨迹,设 $2r$ 表示 A 和 B 之间的距离,考虑空间的点 Q,使

$$|QA|^2 + |QB|^2 = K^2$$

这里 $K>2r$. 我们证明每一点 Q 都在以线段 AB 的中点 M 为球心的球面上. 要做到这一点, 考虑经过点 Q 的平面和联结 A 和 B 的线段, 如图 6.8.1.

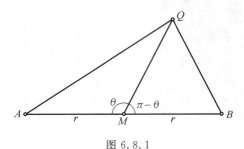

图 6.8.1

将余弦定理用于 $\triangle AMQ$ 和 $\triangle BMQ$ 分别得到

$$|QA|^2 = |QM|^2 + r^2 - 2r|QM|\cos\theta$$

和

$$|QB|^2 = |QM|^2 + r^2 - 2r|QM|\cos(\pi-\theta)$$

但是 $\cos(\pi-\theta) = -\cos\theta$, 所以将这两个等式相加得到

$$K^2 = |QA|^2 + |QB|^2$$
$$= 2(|QM|^2 + r^2)$$

即

$$|QM|^2 = \frac{K^2 - 2r^2}{2}$$

所以 Q 在圆心为 M 的圆上. 两个定点 A 和 B 可以用 n 个定点的集合代替, 轨迹仍然是一个球. (见挑战题 6.6)

6.9 鲁伯特王子正方体

鲁伯特王子正方体是能够穿过将一个单位正方体钻一个正方形截面的孔的最大正方体. 于是鲁伯特王子正方体的棱长是最大的正方形截面的孔的边长, 且这个截面能够通过一个正方体, 而不将正方体切成两块或更多块. 因为单位正方体的棱长是 1, 人们预计鲁伯特王子正方体的棱长小于 1. 奇怪的是鲁伯特王子正方体的棱长大于 1! 在我们讲述这个解答之前, 也许你希望思考这一事实.

莱茵河的鲁伯特王子是德国贵族的一员, 因为其母亲而与英国皇家有亲缘关系. 他虽然是一名职业士兵, 但热心于科学研究, 他是伦敦皇家学会的创始人之一. 英国数学家约翰·沃利斯(John Wallis)以鲁伯特王子的名字命名这个正方体.

约翰·沃利斯   鲁伯特王子

　　为了求这个正方体的棱长,我们首先求内接于一个单位圆的最大的正方体(Bankoff, 1951).考查正方体的各种形状的截面(三角形、矩形、五边形、六边形)最终的结果截面必定是六边形.在这个六边形截面中,我们寻找两条平行,且长度相等的对边,何时联结其端点形成一个正方形,见图 6.9.1(a).

　　这两条平行的对边必定平行于面对角线,且与这条长度相等的面对角线等距离.因此它们截正方体的棱得到的两条线段的长为 x 和 $1-x$,如图 6.9.1(a)所示.两边的长的平方是 $2(1-x)^2$,而用联结它们的端点的虚线线段的长的平方是 $2x^2+1$.为了形成一个正方形,设这些长都相等,然后解出 x,得到 $x=\dfrac{1}{4}$,$1-x=\dfrac{3}{4}$,因此正方形的边长是

$$\frac{3\sqrt{2}}{4}\approx 1.060\ 66$$

这就是鲁伯特王子正方体的棱长.

　　在该正方体的其余的棱上对称地定出的点形成一个内接正八面体,如图 6.9.1(b)所示.所以我们可以在图 6.9.1(b)中的正八面体的虚线对角线方向上钻一个边长为 $\dfrac{3\sqrt{2}}{4}$ 的正方形的孔,结果在图 6.9.1(c)所示的单位正方体中有一个足够大的孔可以让鲁伯特王子正方体通过.

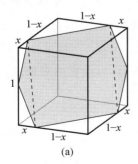

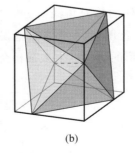

(a)　　　　　　　　　(b)　　　　　　　　　(c)

图 6.9.1

6.10　挑　战　题

6.1　假定空间的三条直线 l_1, l_2, l_3 不是一般位置,也就是说,其中有一对直线或者相交或者平行.必存在与所有这三条直线都相交的第四条直线是否仍然成立?

6.2　证明:四面体的三面角的和 T 和二面角的和 D 满足 $T = 2D - 4\pi$.

6.3　假定我们在空间一般位置有三个球,也就是说,每一对球相交于一个圆.这三个球有多少个公共点?

6.4　在平面内,三角形的垂心是各边上的三条高的交点.一般的四面体是否有垂心,即从各个顶点向对边作的四条高是否相交于一点?

6.5　在一个四面体中,四个面中的每一个面的棱长必须满足三角形不等式.证明:虽然这个条件是必要的,但是对于六条棱构成一个四面体并不是充分的.(提示:考虑有五条棱长是 4 和一条棱长是 7 的一个四面体.)

6.6　设 n 是正整数.证明:空间到 n 个定点的距离的平方和是常数的点的轨迹是一个球.

6.7　在一个球上是否存在相似三角形?

6.8　图 6.10.1 中的物体是不是多面体?

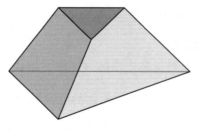

图 6.10.1

6.9　有一些作者(他们将保持匿名)断言一个棱长大于 1 的正方体能够穿过单位正方体的一个孔,这个孔是在正方体的体对角线的方向上钻的,而且通过图 5.1.2;5.1.3(a)和 5.1.4 中的正六边形截面.证明:这些作者是错误的.

6.10　证明:平分球面三角形的边的三个大圆相交于一点以及它的对顶点.

第7章 迭 代

神经错乱：就是再三做同一件事，并期望不同的结果.

——阿尔伯特·爱因斯坦（Albert Einstein）

在数学中，迭代意味着重复，在重复一次运算或一个过程以达到所需结果为目的这个意义上说，经常需要无穷多次重复. 每一次重复都建立在前一次重复的结果的基础上，过程中的每一次重复也称为一次迭代.

本章中我们使用迭代推导空间中一些结果的个数，其中有些结果也许是令人惊讶的，因为这些结果与在平面内的相应的结果差异很大. 我们将证明四色定理对于三维地图就没有类似的情况，以及不可能将一个正方体分割成有限多个大小不同的小正方体. 我们将用迭代的方法去构造自身相似和分形的立体图形，考查与此有关的某种度量（例如体积和表面积）. 我们说明用多面体的立体图形的表面近似表示曲面与用多边形的图形近似表示平面曲线并不类似结束本章.

7.1 是否存在空间的四色定理？

有口皆碑的四色定理是数学中最著名的定理之一：在平面内对任何确定的地图适当涂色，使相邻的国家有不同的颜色只用四种颜色或不到四种颜色就够了. 在许多专业的数学家和业余的数学家经过一个世纪的尝试后，凯尼斯·阿佩尔和沃夫冈·哈肯在 1976 年证明了这一定理. 空间的地图是什么呢？ 如果 4 是平面内"颜色的种数"，那么空间内颜色种数是多少呢？ 在例 1.6 中我们证明了至少是五种颜色. 一个国家可能是由多个相邻的单位正方体组成的多正方体. 如果两个国家至少有一个单位正方体的面是共同的，那么就说这两个国家是相邻的. 在图 7.1.1 中我们显示了这样一个迭代过程，它证明了没有有限多种颜色可以对这样的三维地图涂色，使两个相邻的国家有不同的颜色.

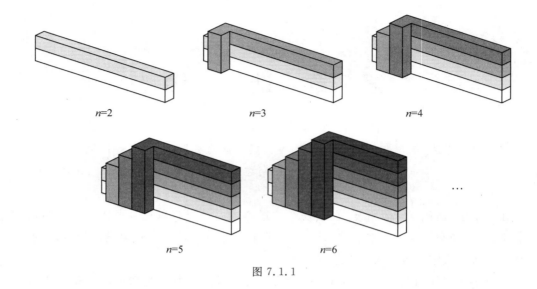

图 7.1.1

7.2 将正方形分割成小正方形,将正方体分割成小正方体

我们将一个正方形或一个矩形分割成若干个小正方形.如果被分割成若干个小正方形的正方形或矩形不包含一个小的被分割的正方形或矩形,那么这个被分割的正方形或矩形就是简单的;如果包含,那么就是复合的.图 7.2.1 表示一个 32×33 的矩形被简单分割成小正方形.灰色的小正方形的边长是 1,其余的正方形中的数表示该正方形的边长.如果原正方形或矩形被分割后的所有的正方形拼块各不相同,那么这样的被分割的正方形或矩形是完美的.如果有相同的小正方形,则是不完美的.图 7.2.1 中的矩形是完美的,然而一个标准的棋盘是不完美的.被分割的正方形或矩形的阶指的是它所包含的小正方形的个数.图 7.2.1 中的矩形的阶是 9,棋盘的阶是 64.

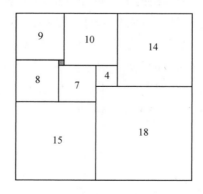

图 7.2.1

　　构造完美的矩形是相当容易的;构造一个完美的正方形要困难得多(Gardner,1961;
Honsberger,1970).很少有人知道最小的完美正方形的阶是 21,边长是 112.

　　我们是否能用类似的方法将一个正方体或一个长方体分割成若干个小正方体呢?
这个令人惊讶的回答是不存在有限多阶的完美长方体.

　　我们的证明取自文献(Gardner,1961).假定存在一个被切割成正方体的完美的长方
体,这个长方体就在你的书桌前.这个长方体的底面是一个被分割的完美矩形,它将包含
一个最小的正方形.容易证明这个正方形不能靠在这个长方形的底面的棱上,它必须是
一个正方体的下底面(这个正方体记作 A),它被较大的正方体完全包围(图 7.2.2).

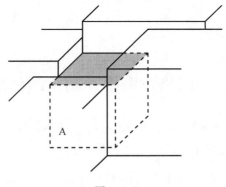

图 7.2.2

　　一些小正方体仍然在正方体 A 的上底面上,在上底面上形成一个被分割的完美的正
方形.在这个被分割的正方形中必有一个最小的正方形,即正方体 B 的下底面.继续这一
过程,正方体 C 在正方体 B 的上面.这样的论断继续下去,于是需要无穷多个越来越小的
正方体在这个长方体中.于是没有一个长方体能被分割成有限多个不全等的正方体.

将一个长方体分割成完全不全等的长方体

　　如果一组长方形(或长方体)的所有的维(长,宽(和高))都不相同,那么这组长方形
(或长方体)是完全不全等的,所以如果其中存在 n 组长、宽(和高),那么它们组成 $2n(3n)$
个不同的数的一个集合.此时一个完全被切割的长方形(或长方体)就是长方形(或长方
体)被切割成 n 个完全不全等的长方形(或长方体)的一次切割,n 就是被切割的阶.图
7.2.3 表示一个完全被切割的 5 阶的 9×17 的长方形,这里不全等的长方形的大小是 $1 \times$
$2,3 \times 9,4 \times 8,5 \times 10$ 和 6×7(注意这里 10 个维(长和宽)是最前的 10 个正整数).

　　是否存在完全被切割的长方体呢?答案是肯定的.最小的一个是 23 阶.例如,一个
$147 \times 157 \times 175$ 的长方体能完全被切割成 23 个不全等的长方体,长、宽和高如下

$13 \times 112 \times 141$	$14 \times 70 \times 75$	$15 \times 44 \times 50$	$16 \times 74 \times 140$	$17 \times 24 \times 67$
$18 \times 72 \times 82$	$19 \times 53 \times 86$	$20 \times 40 \times 92$	$21 \times 52 \times 65$	$22 \times 107 \times 131$

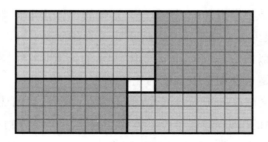

图 7.2.3

$23 \times 41 \times 73$	$26 \times 49 \times 56$	$27 \times 36 \times 48$	$28 \times 55 \times 123$	$30 \times 54 \times 134$
$31 \times 69 \times 78$	$33 \times 46 \times 60$	$34 \times 110 \times 135$	$35 \times 62 \times 127$	$37 \times 83 \times 121$
$38 \times 42 \times 90$	$45 \times 68 \times 85$	$57 \times 87 \times 97$		

7.3 门格尔海绵和柏拉图分形

门格尔海绵是一种奇怪的物体,它是由卡尔·门格尔(Karl Menger)在 1926 年首先描述的. 它由棱长为 1 的正方体以以下的迭代形式构成:将该正方体分割成 27 个小正方体(每个棱长是 $\frac{1}{3}$),移去中心的一个正方体和每个面的中心的 6 个正方体. 现在对余下的 20 个小正方体重复上述过程. 在图 7.3.1 中,我们看到正方体经过四次迭代后的剩余部分. 这个海绵是经过无穷多次迭代后的剩余的部分.

图 7.3.1

每一次迭代后这个物体的体积就减小,表面积就增大. 在 n 次迭代后这个物体的体积 $V_n = \left(\frac{20}{27}\right)^n$,表面积 $A_n = 2\left(\frac{20}{9}\right)^n + 4\left(\frac{8}{9}\right)^n$.(有兴趣的读者在验证 A_n 的表达式时不妨探索一下递推关系 $A_0 = 6$ 和 $A_n = \frac{1}{9}\left[20A_{n-1} - 48\left(\frac{8}{9}\right)^{n-1}\right]$ 的解.)因此,门格尔海绵的体

积是零,表面积是无穷大!

由 66 048 张商务卡片构成的一个门格尔海绵

如果你恰好有大量的商务卡片(66 048 是准确数),你就可以构造一个三次迭代导致的门格尔海绵的模型.六张卡片可以折叠成一个正方体,8 000 个正方体组成这个模型,另外 18 048 张卡片拼成正方体的外侧面.在图 7.3.2 中我们看到密西西比大学的学生在 2007 年构造的一个模型[约书亚·斯金纳(Joshua Skinner)摄].模型的一边的大小是 54 in,重量约为 150 lb.

图 7.3.2

在门格尔描述该海绵后将近五十年(他称该海绵为万能曲线),B. B. 芒德布罗(B. B. Mandelbrot)和其他人开始研究分形.门格尔海绵是一种分形曲线,其他四种柏拉图体得到类似的分形曲线.例如,正四面体和正八面体的前三次迭代如图 7.3.3 所示.对于正四面体,第一步我们移去一个八面体,剩下的四个正四面体的棱长是原正四面体的棱长的一半,并且由公共的顶点相连.对于正八面体,第一步我们移去八个正四面体,剩下的六个正八面体的棱长是原正八面体的棱长的一半,并且由公共的顶点相连.极限的分形称为谢尔品斯基(Sierpinski)四面体和谢尔品斯基八面体,因为每一个图形中的三角形面都是谢尔品斯基三角形.

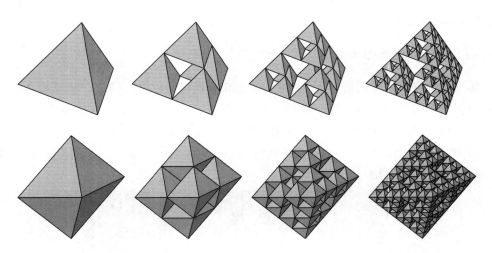

图 7.3.3

卡尔·门格尔

卡尔·门格尔生于奥地利,但是他的专业生涯大部分在美国.他是多产的研究工作者和作家,涉及各个领域,如几何、拓扑、代数、测度论、变分法、分析、概率论和经济学.他的许多论文汇集在两卷本的著作 *Karl Menger Selecta Mathematica*(Schweizer et al,2002,2003).其最出色的是名为《你会喜欢几何的》的一本 32 页的小册子,也是为芝加哥科学和工业博物馆的一次交互式几何展览写的指导书(指导价为 10 美分).

卡尔·门格尔

在这本小册子的标题下,门格尔写道:"'不可能',你说.'几何真无聊.它已经死亡,并僵化了几个世纪.'可是你错了.几何学迷人、精巧、美丽,深刻;它是最重要的,充满活力,日益壮大."与图 7.3.1 中的海绵类似的一张海绵照片出现在这本小册子的第 9 页上,也许这是最早出版的三维分形照片.

7.4　自身相似和迭代

　　分形结构中最关键的概念是自身相似,即物体的真子集相似于整个物体.我们可以使用迭代生成自身相似的立体图形.我们用一个正四面体说明这一过程,如图 7.4.1(a)所示.第一步用一半大小的四个自身拷贝代替整个四面体,生成图 7.4.1(b)中的对象.

　　现在我们迭代,用四个一半大小的自身拷贝代替最上面的四面体,得到图 7.4.1(c)中的物体.三次以上的迭代生成图 7.4.1(d)(e)(f)中的物体.自身相似的物体是无穷多次迭代后的立体图形.

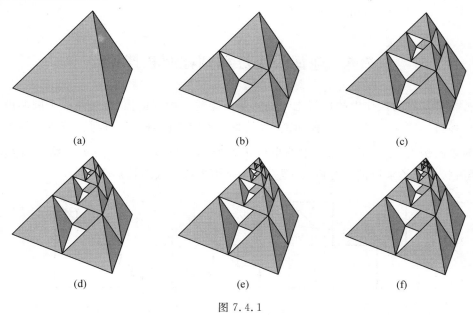

图 7.4.1

　　显然总棱长增大,总体积减小,但是增大或减小多少呢? 表面积是否改变,如果改变的话,那么改变多少呢?

　　假定图 7.4.1(a)中的四面体的每一条棱的长都是 1,那么推出自身相似生成的立体图形的棱的总长度 E 是以下几何级数的和,即

$$3 \cdot 6\left[\frac{1}{2} + \frac{1}{4} + \frac{1}{8} + \cdots\right] = 18$$

这是原四面体的棱长的和 6 的 3 倍.

　　对于表面积,现在假定图 7.4.1(a)中的四面体的每个面的面积都是 1,那么自身相似生成的立体图形的总的表面积 A 是以下几何级数的和,即

$$3 \cdot 4\left[\frac{1}{4} + \frac{1}{16} + \frac{1}{64} + \cdots\right] = 4$$

这恰好与原四面体的总表面积 4 是同一个数.

对于体积,我们假定图 7.4.1(a) 中的四面体的体积是 1,那么自身相似生成的立体图形的体积 V 是以下几何级数的和,即

$$3 \cdot \left[\frac{1}{8} + \frac{1}{64} + \frac{1}{512} + \cdots \right] = \frac{3}{7}$$

恰不到原四面体的体积的一半.

我们可以探索自身相似,不用几何级数求 E, A 和 V. 因为该立体图形的上部是整个立体图形的缩小版,我们有 $E = \frac{1}{2}E + 3 \cdot 6 \cdot \frac{1}{2}$,所以 $E = 18$;$A = \frac{1}{4}A + 3 \cdot 4 \cdot \frac{1}{4}$,所以 $A = 4$;$V = \frac{1}{8}V + 3 \cdot \frac{1}{8}$,所以 $V = \frac{3}{7}$.

7.5   施瓦茨提灯和圆柱面积悖论

古希腊几何的最伟大的成就之一是阿基米德的 π 的近似值,他是用一个圆的内接和外切正多边形完成的.但是,一般地说,两条曲线可以彼此"接近",但是没有接近弧长.举一个简单的例子,考虑图 7.5.1 中的单位正方形的对角线的长 $\sqrt{2}$ 与锯齿状的"曲线"近似.锯齿状曲线越来越接近对角线,但是每一条锯齿状曲线的长都是 2.

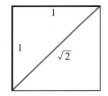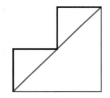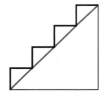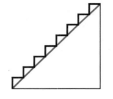

图 7.5.1

当我们试图用多边形的表面积接近一个立体图形的表面积时,一个不同的现象发生了.经典的例子是用被称为施瓦茨提灯的多面体的侧面积接近高为 h,底面半径为 r 的直圆柱的侧面积 $2\pi rh$. 施瓦茨提灯是以德国数学家施瓦茨的名字命名的,他在 1890 年首先发表了这个例子 (Zames, 1977).

为了在一个高为 h,底面半径为 r 的直圆柱中内接一个施瓦茨提灯,我们将提灯的侧面分割成 $m (\geqslant 2)$ 个带状物,每一个带状物的高是 $\frac{h}{m}$,在 m 个带状物的每一个中内

施瓦茨

接一个直反棱柱,其底面是正 n 边形,侧面是 $2n$ 个等腰三角形,如图 7.5.2 所示,其中 $m=6,n=6$.

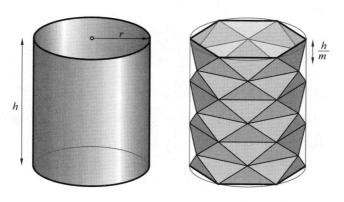

图 7.5.2

提灯的这 $2mn$ 个等腰三角形接近于圆柱的侧面,因为每一个三角形的三个顶点都在圆柱上. 每一个等腰三角形的面积是

$$\frac{1}{2}\left(2r\sin\frac{\pi}{n}\right)\sqrt{\left(\frac{h}{m}\right)^2+r^2\left(1-\cos\frac{\pi}{n}\right)^2}=r\sin\frac{\pi}{n}\sqrt{\left(\frac{h}{m}\right)^2+4r^2\sin^4\frac{\pi}{2n}}$$

因此施瓦茨提灯的面积 $A(m,n)$ 是

$$A(m,n)=2mnr\sin\frac{\pi}{n}\sqrt{\left(\frac{h}{m}\right)^2+4r^2\sin^4\frac{\pi}{2n}}$$

$$=2r\left(n\sin\frac{\pi}{n}\right)\sqrt{h^2+4(mr)^2\sin^4\frac{\pi}{2n}} \tag{7.1}$$

当 m 和 n 无限增大时,这个近似值就随之改进. 但是 $A(m,n)$ 的极限值只取决于 m 和 n 都无限增大(我们写作 $m\to\infty$ 和 $n\to\infty$). 现在我们说明几种情况:

情况 1 我们首先设 m 固定,$n\to\infty$,然后设 $m\to\infty$. 当 $n\to\infty$ 时,内接于半径为 r 的圆的正 n 边形的周长增大到圆的周长,即当 $n\to\infty$ 时,$2nr\sin\frac{\pi}{n}$ 趋向于 $2\pi r$,或者等价地,当 $n\to\infty$ 时,$n\sin\frac{\pi}{n}$ 趋向于 π. 因为当 $n\to\infty$ 时,$\sin^4\frac{\pi}{2n}$ 趋向于 0,我们有当 $n\to\infty$ 时,$A(m,n)$ 趋向于 $2\pi rh$. 因此,当 $m\to\infty$ 时,$A(m,n)$ 收敛于圆柱表面积的真正的值. 在几何上,随着每一个带状物中的三角形的增大提灯中的带状物的个数保持不变,施瓦茨提灯的表面积越来越接近圆柱的表面积.

情况 2 现在设 n 固定,$m\to\infty$,然后设 $n\to\infty$. 在这种情况下,当 $m\to\infty$ 时,根号下的量无限增大,此时当 $n\to\infty$ 时,$n\sin\frac{\pi}{n}$ 趋向于 π,$A(m,n)$ 无限增大. 在几何上,提灯中的带状物的个数增大,而每一个带状物中的三角形的个数固定,所以每一个三角形变得几乎垂直于圆柱的轴. 于是在这种情况下提灯的表面积的极限趋近于无穷大.

情况 3 这里我们设 m 和 n 同时增大, 对某个正的常数 c, 设 $m = cn^2$. 那么式 (7.1) 变为

$$A(m,n) = A(cn^2,n) = 2r\left(n\sin\frac{\pi}{n}\right)\sqrt{h^2 + \frac{1}{4}(cr)^2\left(2n\sin\frac{\pi}{2n}\right)^4}$$

于是, 当 $n \to \infty$ 时, $A(cn^2,n)$ 趋向于 $2\pi r\sqrt{h^2 + \dfrac{c^2r^2\pi^4}{4}}$. 因为 c 是正数, 所有大于 $2\pi rh$ 的数都可能是这个极限! 本节的标题中的"悖论"是当 m 和 n 都无限增大时, 提灯的表面积 $A(m,n)$ 的极限状况不唯一这一事实.

7.6 挑 战 题

7.1 在图 7.3.3 中我们看到对正四面体和正八面体的前三次迭代生成的谢尔品斯基四面体和谢尔品斯基八面体. 证明:(a)谢尔品斯基四面体的表面积有限, 体积为零. (b)谢尔品斯基八面体表面积无限, 体积为零.

7.2 图 7.6.1 显示由正方体生成一个分形的另一种方法的前三次迭代. 生成的分形正方体的体积和表面积是什么样?

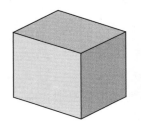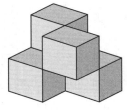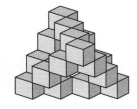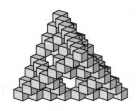

图 7.6.1

7.3 在图 7.6.2 中我们看到由正八面体构成的另一种自身相似的立体图形, 构成的方法类似于图 7.4.1 中的由正四面体构成的自身相似的立体图形.

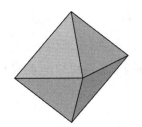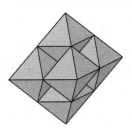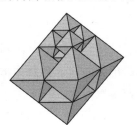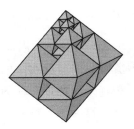

图 7.6.2

如果适当选取单位使原八面体的棱长、表面积和体积都是 1(如 7.4 节), 在无穷多次

迭代后自身相似的物体的总长 E，表面积 A 和体积 V.（提示：因为图 7.6.2 中的立体图形有些部分隐藏在视线背后，所以图 7.6.3 显示该图中最右边的物体爆裂后的一个模样.）

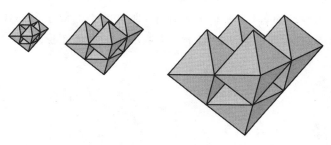

图 7.6.3

7.4 图 7.6.4 中的三维版本是一个单位正方体被切割成 27 个相同的小正方体，然后除了在角上的 8 个正方体和在中心的一个正方体以外全部移去而生成的. 前两次迭代如图所示.

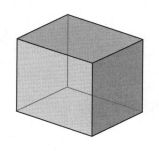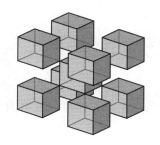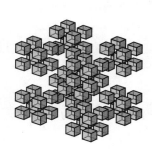

图 7.6.4

生成的分形的体积和总面积是什么？（当中心的一个正方体也除去，只保留 8 个在角上的正方体时，该分形称为康托尔尘埃.）

7.5 内接于高为 h，底面半径为 r 的直圆柱的施瓦茨提灯的极限状态是什么？

7.6 在 5.1 节中我们考虑了一个正方体的正六边形截面. 试描述一个门格尔海绵的正六边形截面的结构.（提示：见图 5.1.3(c)，并考虑该海绵的前几次迭代.）

7.7 如果一个分形由自身的 n 个复本组成，每一次的收缩系数是 $\frac{1}{k}$，它的豪斯多夫（Hausdorff）维数由 $\frac{\ln n}{\ln k}$ 给出. 例如，门格尔海绵是 20 个自身复本的并，每一次的收缩系数是 $\frac{1}{3}$，所以它的豪斯多夫维数是 $\frac{\ln 20}{\ln 3} \approx 2.272$.（a）求谢尔品斯基四面体的豪斯多夫维数.（b）求谢尔品斯基四面体的豪斯多夫维数.（c）求挑战题 7.2 中的分形的维数.（d）求挑战题 7.4 中的分形的维数.

7.8 法国矿物学家勒内·茹斯特·阿羽依（René Just Haüy）是晶体学领域的早期开拓者，他在1784年出版了一本名为《论关于应用于各类晶体物质的晶体结构的一种理论》（*Essai d'une théorie sur la structure des crystaux applyquée à plusiereurs genres de substances crystallizes*）的著作. 在这部著作中，他考虑了近似于多面体的正方体的聚合体. 在图7.6.5中我们看到前四个近似于一个八面体的立体图形.

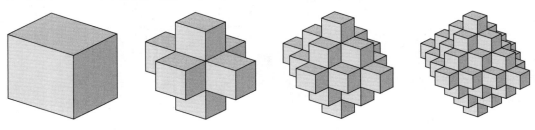

图 7.6.5

前四个近似的立体图形中的正方体的个数是 $1,7,25$ 和 63. 第 n 个近似的立体图形中的正方体的个数是多少？（提示：在聚合体的每一层中正方体的个数是两个连续平方数的和.）

7.9 将正方体的迭代用于说明几何级数

$$\frac{1}{8} + \frac{1}{8^2} + \frac{1}{8^3} + \cdots = \frac{1}{7}$$

（提示：证明棱长为 $\frac{1}{2}, \frac{1}{4}, \frac{1}{8}, \cdots$ 的7个正方体拷贝能填满一个单位正方体.）

第 8 章　运　　动

我们的大自然处在运动中,完全静止意味着死亡.

——布莱士·帕斯卡(Blaise Pascal)

　　空间的等距度量是保持距离不变的线性变换,包括平移、旋转和反射.我们把等距度量看作是在空间中的运动,把运动用来证明正四面体的维维亚尼(Viviani)定理,用铰链型分割考查一对等体积的多面体之间的关系.需要移动正方体成为一个所需的样式去解决一个熟知的谜题.

　　在最后几章中我们考虑非等距度量的空间运动,如点的射影(第 9 章),曲面的折叠和展开(第 10 章).

Viganella——"移动"太阳的村庄

　　意大利阿尔卑斯山的村庄 Viganella 坐落在一个深深的峡谷内,周围群山围绕,每年的 11 月 11 日到次年 2 月 2 日之间群山阻止阳光照射到村中.图 8.0.1 显示 Viganella 在其南山的影子中的位置.

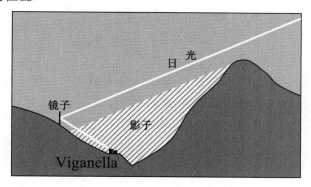

图 8.0.1

　　由于山不能移动,村民们用建造一面巨大的钢制镜子的方法将阳光反射到村庄大广场,从而"移动"了太阳.大镜子建于 2006 年,用计算机控制镜子的方位.

8.1 空间的一百万个点

空间的点是一切几何图形的建筑拼块. 一些熟知的简单方法是在以下情况下发生的:两点确定一条直线,不共线的三点确定一个平面以及该平面内的一个三角形,不共面的四点在空间确定一个四面体.

平地穿越多维空间的运动

在 E. A. 艾勃特(E. A. Abbott)的 1884 年的经典的《平地:一个多维的浪漫》(Abbott,1884)的第 19 章中,球试图将高维解释为二维的讲述人. A 正方形说:

"在一维空间中,移动一点不能生成一条有两个端点的线段吗?

在二维空间中,移动一条线段不能生成一个有四个端点的正方形吗?

在三维空间中,移动一个正方形不能生成——难道我的眼睛没有注意到吗?——一个有八个端点的正方体吗?

在四维空间中,移动一个正方体不会,——唉,用于类比,唉,为了真理的进步,如果不是这样,——我说,移动一个神圣的正方体不会生成一个有十六个端点的更加神圣的构造物吗?

请看序列 2,4,8,16 的这个绝对正确的实证:这不是几何学的进步吗?"

考虑空间中"一般位置"的一百万个点的集合,也就是说,其中没有三点共线,也没有四点共面. 我们考虑的问题:我们能否总能找到平分这个集合的一个平面? 也就是说,该平面不经过任何一点,且在平面的两侧都恰有 500 000 个点. 我们的证明是文献 (Gardner,1989)中的一个类似的问题的延伸,这个问题是说,求一条直线平分平面内的一百万个点(或者任意偶数个点).

我们考虑的不是一百万个点,而是空间的 $2n$ 个点的集合 S 的一般情况,并设 Σ 表示包含 S 的一切点的球. 我们寻找平分的平面 π 的过程由以下五个步骤组成:

1. 考虑 S 中由不同的三点组组成的一切平面,在 Σ 外,且在任何这些平面外选取一点 P.

2. 选取第二个点 Q,使 Q 不在由 P 和 S 中的一对不同的点确定的任何平面内,且在以 P 为顶点,并与 Σ 相切的一对圆锥外. 注意由 P 和 Q 确定的直线与 Σ 不相交.

3. 在 Σ 外画一个包含由 P 和 Q 确定的直线的平面 π.

4. 现在将平面 π 开始绕直线 PQ 旋转. 在旋转过程中,平面 π 将经过 S 中的每一点一次,因为我们对 P 和 Q 的选择,所以 π 不能同时经过 S 中的两点或两点以上.

5. 在 π 恰好经过 S 中的 n 个点后就停止转动,所以这个位置的 π 平分 S.

观察到同样的构造能使我们差不多平分一个有 $2n+1$ 个点的集合 S,在 π 的两侧各

有 S 的 n 个点时停止转动, S 的余下的一点在 π 上.

8.2　正四面体的维维亚尼定理

维维亚尼定理是以意大利数学家和物理学家维维亚尼的名字命名的. 维维亚尼定理:等边三角形内的任何一点到三边的垂直距离的和是常数,这个常数等于三角形的高. (Kawasaki,2005) 对一个正四面体一个类似的结果是否存在?

维维亚尼

设 P 是正四面体 $ABCD$ 内任意一点,设 d_1,d_2,d_3,d_4 是 P 到四个面的垂直距离,如图 8.2.1(a)所示.

P 和 $ABCD$ 的棱形成的四个平面将 $ABCD$ 分割成四个小的三棱锥,每一个小三棱锥的顶点都是 P,其中一个是图 8.2.1(b)中的阴影部分. 如果 h 是 $ABCD$ 的高,K 是每个面的面积,我们可以用两种方法计算 $ABCD$ 的体积 V,即

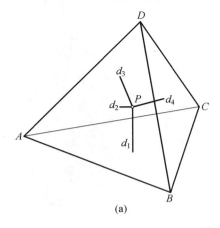

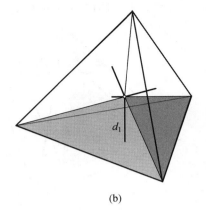

图 8.2.1

$$V = \frac{1}{3}Kh = \frac{1}{3}Kd_1 + \frac{1}{3}Kd_2 + \frac{1}{3}Kd_3 + \frac{1}{3}Kd_4$$

由此得 $h = d_1 + d_2 + d_3 + d_4$. 因此对于一个正四面体,我们有正四面体的维维亚尼定理. 正四面体内的一个内点到四个面的垂直距离的和是常数,这个常数等于正四面体的高.

对于一个不需要计算体积的证明,首先用平行于 $ABCD$ 的各个面的平面构造四个内部的小四面体,它们有一个公共顶点 P,高分别为 d_1, d_2, d_3, d_4(白色线段),如图 8.2.2(a)所示.然后将包含上面三个小四面体的 $ABCD$ 的上面部分绕图 8.2.2(a)中所示的对称轴旋转 $120°$ 生成图 8.2.2(b).

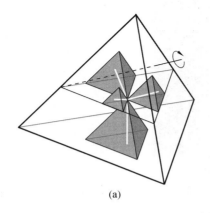
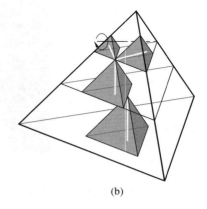

(a)   (b)

图 8.2.2

现在使用第二个 $120°$ 的旋转,这次使用的是如图 8.2.2(b)中包含最上面的两个小四面体的正四面体部分生成 8.2.3(a).

最后是将最上面的小四面体旋转 $120°$ 生成图 8.2.3(b),从中我们看到四个距离 d_1, d_2, d_3, d_4 的和等于原四面体 $ABCD$ 的高.

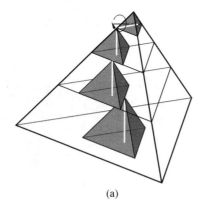
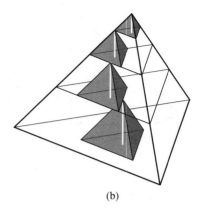

(a)   (b)

图 8.2.3

8.3　将一个正方体切割成若干个相同的小正方体

假定我们有一个如图 8.3.1 中的那样的大正方体,我们想把它切割成大量相同的小正方体,譬如一百万个.如果在两次切割之间可以重新堆积切块,那么需要的切割的次数最少是多少?

图 8.3.1

这里有一个机会用小正方体进行试验.设 $f(n)$ 表示分割成 n^3 个小正方体需要的最少的切割次数.显然,$f(1)=0$ 和 $f(2)=3$.为了切割成 27 个小正方体需要 6 刀,因为中心的小正方体有六个面,且没有两个面可以切一刀得到.于是 $f(3)=6$.

为了证明 $f(4)=6$,考虑一个 $4\times4\times4$ 的正方体.三刀切成八个 $2\times2\times2$ 的正方体,可以拼成一个 $2\times2\times16$ 的一堆.还有两刀切成 32 个 $1\times1\times2$ 的小块,可以拼成一个 $1\times2\times32$ 的一堆.最后一刀得到 64 个 $1\times1\times1$ 的小正方体.类似地,$f(5)=f(6)=f(7)=f(8)=9$.

对于更大的 n 的值,我们可以继续对正方体进行试验,或者考虑一个维数较低的问题.假定我们想要将一个正方形硬纸板切割成 n^2 个小正方形,或者将一根杆子切割成 n 段,还允许在两刀之间重新堆积.杆子问题可能是最容易看出来的,容易看出当 n 在连续两个 2 的幂之间,即 $2^{k-1}<n\leqslant2^k$ 时,需要切 k 刀,所以要得到 n 段,我们需要切 $\lceil\log_2 n\rceil$ 刀,这里 $\lceil x\rceil$ 表示 x 的天花板函数(大于或等于 x 的最小整数).因为在每个维度中我们需要 $\lceil\log_2 n\rceil$ 刀,我们猜想对正方体,切 $f(n)=3\lceil\log_2 n\rceil$ 刀是需要的.这一结果的一个漂亮证明可见文献(Tanton,2001).于是为了得到一百万个小正方体只要切 $f(100)=21$ 刀.

8.4　蛋糕的公平分割

假定你有一块夹有糖霜的长方体蛋糕,你要把它切成 n 块,分给 n 个人,使每个人得到同样多的蛋糕和糖霜.有许多方法做到这一点,我们展现的一种方法(Sandford,2002)要求在切第一刀后将半块蛋糕(图 8.4.1(b))从右边移到左边一块的前面,如图 8.4.1 中的(c)所示(得到粗线下面的双层糖霜).于是再切 $n-1$ 刀就完成了分割.(图 8.4.1(d))

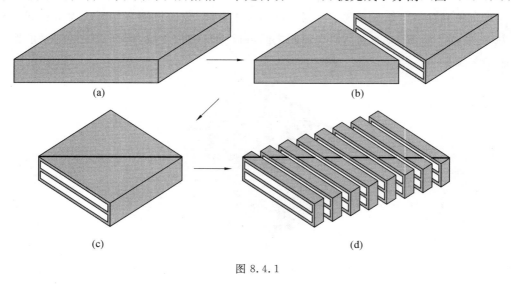

(a) (b) (c) (d)

图 8.4.1

8.5 从黄金分割到塑料数

有许多方法定义黄金分割,其中之一如下:从两个 $x\times 1$ 的矩形开始,一个矩形水平方向,第二个竖直方向,如图 8.5.1(a)所示(第二个矩形可以将第一个矩形绕着一个顶点转动得到).对于 x 的什么值能使这三个空心圆点共线呢?

如果 $\dfrac{x}{1}=\dfrac{x+1}{x}$,即 $x^2=x+1$,那么这三个标出的顶点共线.这一方程的正根 $\varphi=\dfrac{1+\sqrt{5}}{2}$ 就是黄金比,这个 $\varphi\times 1$ 的矩形就是黄金矩形,我们第一次遇到它是在 1.2 节中.

对于长方体的等价情况是什么呢? 为了回答这一问题,将一个深度 y 加到在图 8.5.1(a)中的水平方向的矩形上构成一个 $x\times y\times 1$ 的长方体,并将这个长方体的第二个拷贝旋转两次,第一次就像对这个矩形那样旋转,第二次逆时针方向旋转 $90°$(从上面看)到图 8.5.1(b)所示的位置.当 $\dfrac{x}{x+y}=\dfrac{y}{y+1}$ 和 $\dfrac{y}{y+1}=\dfrac{1}{x}$ 时,用空心圆圈标出的三个顶点共线.由此推出 $x=y^2$ 和 $xy=y+1$,于是 $y^3=y+1$.这个三次方程恰有一个实根 p,由

$$p=\frac{\sqrt[3]{108+12\sqrt{69}}+\sqrt[3]{108-12\sqrt{69}}}{6}\approx 1.324\ 7$$

给出.

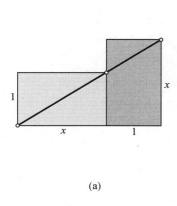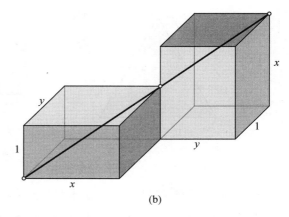

(a) (b)

图 8.5.1

这个数 p 称为塑料数（plastic number），是由荷兰修道士和建筑师 Dom Hans der van Laan 命名的，并不是根据人工合成的材料而是在"塑料艺术"，即像雕塑、建筑风格和陶瓷制品这样的三维艺术这个意义上命名的. 与黄金矩形类似，我们有 $p^2 \times p \times 1$ 的塑料盒子（一个不引人注意的名字）.

帕多万数列和塑料数

帕多万数列 $\{p_n\}_{n=0}^{\infty}$ 是以英国建筑师理查德·帕多万（Richard Padovan）的名字命名的，他是著名的斐波那契的一个远亲. 帕多万数列：$p_0 = p_1 = p_2 = 1$，当 $n \geqslant 2$ 时，有 $p_{n+1} = p_{n-1} + p_{n-2}$. 该数列的前几项是 $1, 1, 1, 2, 2, 3, 4, 5, 7, 9, 12, 16, 21, 28, 37, \cdots$. 但是，帕多万认为这一数列应属于法国数学家 Gérard Cordonnier，并注意到这一数列是 Dom Hans der van Laan 重新独立发现的. 像斐波那契数列一样，帕多万数列的连续两项的比 $\dfrac{p_{n+1}}{p_n}$ 有一个极限，在这种情况下，这个极限就是塑料数 p.

8.6　铰链式切割及旋转

大多数人都制作过简单的多面体模型，比如用纸剪成相连的多边形，如图 8.6.1(a) 的正四面体（四个等边三角形）和如图 8.6.1(b) 的正方体（六个正方形）. 只要将图像沿着虚线折叠，然后将沿条（白色部分）用胶水或胶带黏合成一个模型.

在三维中我们将多面体沿着连接的棱折叠代替多边形，并绕着铰链式的棱旋转形成所称的铰链式切割（Fredrickson, 2002）. 一个多面体的铰链式切割是沿着某条铰链连接的多面体的聚合体. 目的是使我们可以将一个（或多个）多面体用铰链旋转转变为另一个多面体. 例如，考虑图 4.5.2 所示的菱形八面体. 我们可以由两个正方体构成一个模型，

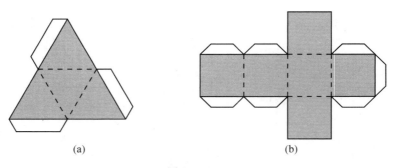

图 8.6.1

其中一个正方体不变，将另一个正方体切割成六个底面为正方形的四棱锥，用铰链连在一起，如图 8.6.2 所示. 于是这六个棱锥包在不变的正方体周围形成一个菱形八面体. 将两个正方体形成一个菱形八面体的铰链式切割在 4.5 节中说明了计算它的体积的方法.

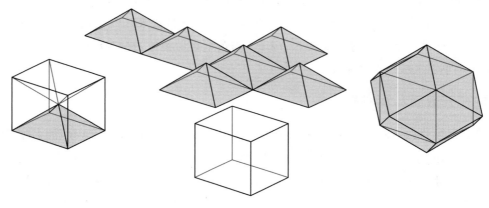

图 8.6.2

作为第二个例子，考虑挑战题 4.4 中的截头八面体. 在挑战题的解答中，我们看到截头八面体可以被切割成八个半正方体. 这就导致一个截头八面体的一个铰链式切割，这八个半正方体可以环绕第二个未被切割的截头八面体形成一个正方体，如图 8.6.3 所示.

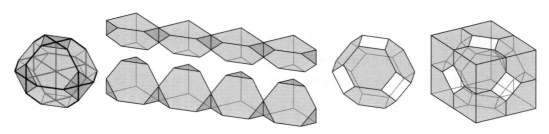

图 8.6.3

详见文献(Fredrickson, 2002)和多面体铰链式切割的另一个例子.

8.7　欧拉旋转定理

瑞士数学家欧拉(Euler)在 1775 年证明了不管一个球绕球心怎么旋转,总存在一条保持不变的直径(Euler,1776).下面是欧拉对这一定理的描述,译自拉丁文(Palais et al,2009).

欧拉旋转定理　一个球无论用什么方法绕球心旋转,总可选出一条直径,它在旋转后的图形中的方向与原来图形中的方向一致.

我们在这里呈现的证明属于欧拉.设 G_1 是最初位置的球的任意一个大圆,G_2 是 G_1 旋转后的位置.设 A 是 G_1 和 G_2 的两个交点之一.(图 8.7.1)

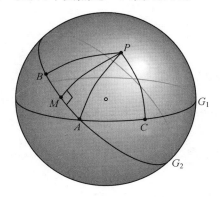

图 8.7.1

因为 A 是 G_1 上的一点,所以它旋转到 G_2 上的一点 B,因为 A 也是 G_2 上的点,所以在 G_1 上存在旋转到 A 的一点 C,弧 BA 和弧 AC 的长相等.现在过球心画两个平面,其中的一个垂直于 G_2 的平面相交于弧 BA 的中点 M,第二个平面也经过球心并平分平面 G_1 和 G_2 之间的夹角 $\angle BAC$.这两个平面相交于球的一条直径,我们断言这就是我们要找的直径.

设 P 是这条直径的一个端点,画弧 PA,PB 和 PC.由作图可知 $\triangle PBA$ 是等腰三角形,且全等于 $\triangle PAC$.因为弧 AC 旋转到弧 AB,$\triangle PAC$ 旋转到 $\triangle PBA$,结果使点 P 固定,证毕.

8.8　重观圆锥曲线

在 5.7 节中,我们说明了圆锥曲线的"圆锥的截线"的定义和"准线和焦点"的定义的等价性.现在我们从圆锥曲线定义为圆锥和平面的交线出发,推导圆锥曲线在坐标系中的熟悉的方程.我们不采用被各个平面所截的一个固定的圆锥,而是旋转轴,并利用一个固定的平面(Cullen,1997).

为简单起见,我们考虑在 $Oxyz$ 坐标系中的一个标准的圆锥 $z^2=x^2+y^2$,如图 8.8.1 所示,在 Oyz 平面内将 y 轴和 z 轴旋转角 $\theta(0\leqslant\theta\leqslant\frac{\pi}{2})$ 得到一个 $Ox\,\bar{y}\,\bar{z}$ 坐标系. 对于在 该图的空间中的一个观察者而言,当圆锥旋转时轴保持不变.

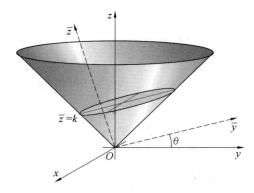

图 8.8.1

坐标 $y,z,\bar{y},\bar{z}$ 与 $y=\bar{y}\cos\theta-\bar{z}\sin\theta$ 和 $z=\bar{y}\sin\theta+\bar{z}\cos\theta$ 有关,所以在 $Ox\,\bar{y}\,\bar{z}$ 坐标 系中圆锥由

$$(\bar{y}\sin\theta+\bar{z}\cos\theta)^2=x^2+(\bar{y}\cos\theta-\bar{z}\sin\theta)^2$$

给出.

为了求平面 $\bar{z}=k$ 与圆锥的交线的方程,我们设 $\bar{z}=k$,用 y 代替 $\bar{y}$,展开化简后得到

$$x^2+(\cos 2\theta)y^2-(2k\sin 2\theta)y=k^2\cos 2\theta \tag{8.1}$$

当 $\theta=\frac{\pi}{4}$ 时,我们有 $x^2-2ky=0$,这是一条抛物线;当 $\theta\neq\frac{\pi}{4}$ 时,我们将方程(8.1)配 方得到平移后的圆锥曲线的标准方程

$$\frac{x^2}{\cos 2\theta}+\frac{(y-k\tan 2\theta)^2}{1}=k^2\sec^2 2\theta$$

现在我们考虑四种情况:当 $\theta=0$ 时,我们得到圆 $x^2+y^2=k^2$. 当 $0<\theta<\frac{\pi}{4}$ 时,因为 $\cos 2\theta>0$,我们有一个椭圆. 当 $\frac{\pi}{4}<\theta<\frac{\pi}{2}$ 时,因为 $\cos 2\theta<0$,我们有一条双曲线. 当 $\theta=\frac{\pi}{2}$ 时,我们有 $x^2-y^2=k^2$. 当 $k\neq0$ 时,这是一条双曲线;当 $k=0$ 时,这是两条相交直线. 在 每一种情况下,$\cos 2\theta$ 的值决定圆锥曲线的性质.

在挑战题 8.8 中你可以采用同样的技巧寻求直圆柱和平面的交的方程.

8.9　四色方柱问题

四色方柱问题出现在 20 世纪 60 年代后期,直至今日仍然为众人所喜爱.这一谜题由四块正方体组成,它们的颜色都是红、白、蓝、绿.谜题的目标是将这四个正方体排成一个 1×1×4 的长方体,使长方体的四个 1×4 的侧面都出现所有四种颜色,见图 8.9.1.

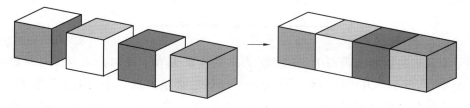

图 8.9.1

每个正方体的表面的颜色分布都不相同,纸质正方体的展开图如图 8.9.2 所示.为方便起见,我们分别用 Ⅰ,Ⅱ,Ⅲ,Ⅳ表示正方体;颜色是 R(红),W(白),B(蓝),G(绿).

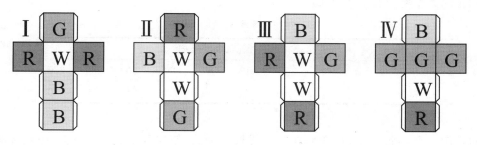

图 8.9.2

因为对于每个正方体有 24 个不同的方向,尝试错误解法并不是一个选择.我们呈现的这个解(Brown,1968)是建立在对 900 个因子分解的基础上的.我们用数字代替颜色:R=1,W=2,B=3 和 G=5.(图 8.9.3)

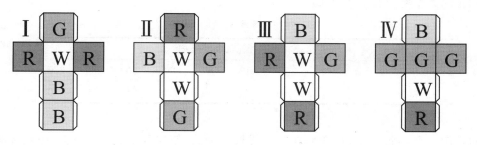

图 8.9.3

现在我们可以对 n 个面的集合分配一个密码作为相应的 n 个数的积.例如,RBBG 的密码是 $1 \cdot 3^2 \cdot 5 = 45$.利用这些密码,我们现在可以计算这四个正方体的三对对面的密

码了.(表 8.1)

表 8.1

正方体	三对密码		
Ⅰ	1	6	15
Ⅱ	2	10	15
Ⅲ	2	5	6
Ⅳ	5	6	25

接下来我们将这些密码用于我们的长方体的上底面和下底面去选择四对对面的密码的一个集合(每个正方体取一对).因为每一种颜色必须出现在上底面和下底面上,所以这八个面的集合的密码是 $1 \cdot 2^2 \cdot 3^2 \cdot 5^2 = 900$.所以我们需要选择四个数,上面的矩阵的每一行取一个,使它们的积是 900.我们需要两个这样的集合,一个是上底面和下底面,第二个是前面和后面.为了简化这一些,我们考虑正方体Ⅰ和Ⅱ的九个密码积和正方体Ⅲ和Ⅳ的九个密码积.(表 8.2)

表 8.2

正方体	九个密码积								
Ⅰ 和 Ⅱ	2	10	15	12	60	90	30	150	225
Ⅲ 和 Ⅳ	10	12	50	25	30	125	30	36	150

对于第一行的每一个数,我们在第二行找一个数,使这两个数的乘积是 900.这样的数对只有两个,90×10 和 30×30.因此我们的四个正方体的密码集合是(Ⅰ,Ⅱ,Ⅲ,Ⅳ)=(6,15,2,5)和(15,2,5,6).所以现在我们安排正方体,使Ⅰ到Ⅳ的上底面和下底面的颜色分别是 WB,BG,RW 和 GR,于是旋转这四个正方体,使前面和背面的颜色分别是 GB,WR,RG 和 BW.

魔方

匈牙利建筑师厄尔诺·鲁比克(Ernö Rubik)在 1974 年发明的魔方(Rubik's cube)可以说是最家喻户晓的 3D 谜题.这一谜题是一个 $3 \times 3 \times 3$ 的正方体(魔方),它的初始状态的六个面的颜色都不相同,所用的颜色是红、蓝、白、绿、橙和黄,如图 8.9.4 所示.一个内部机制允许每一个面独立转动,将颜色打乱,目标是转动这些面使正方体恢复到原始状态.

解开这一谜题的算法是存在的,典型的情况要超过四十次动作.但是,在 2010 年一个研究团队证明了每种样式在二十步或更少步就可解决,存在只要二十步的样式.魔方迷把二十称为上帝之数,在二十步或更少步解开每一种样式的算法称为上帝的算法.

现在快速解魔方比赛已很常见.第一届世界性的比赛于 1982 年 6 月 5 日在布达佩斯举行,为此还发行了图 8.9.4 中的纪念邮票.这些比赛的获奖者通常在 10 秒钟内解出.

图 8.9.4

8.10　挑　战　题

8.1　(a)证明:正四面体的维维亚尼定理——没有关于高的最后一句话——对等腰四面体也成立.

(b)是否存在其他的多面体使维维亚尼定理成立?

8.2　假定图 8.3.1 中的正方体在被切割成 n^3 个小正方体前涂上红色(当 $n \geqslant 2$ 时).这些小正方体中,有 3 个面,2 个面,1 个面,或 0 个面上涂有红色的各有多少个?

8.3　设 p_k 是帕多万数列中的第 k 项,称三维是 $p_k \times p_k \times p_{k+1}$ 的长方体砖块为帕多万砖块.证明:对于任何 $n \geqslant 0$,帕多万砖块的集合 $\{P_0, P_1, \cdots, P_n\}$ 可堆成一个 $p_n \times p_n \times p_{n+1}$ 的长方体砖块.

8.4　证明:如果四色方柱谜题中的正方体 Ⅳ 用图 8.10.1 中的正方体 Ⅴ 代替,那么这个谜题无解.

图 8.10.1

8.5 考虑一个如硬面包圈或炸面圈之类的立体的圆环圈.(a)如果每切一刀后允许重新安排各块切片,那么在切三刀后切成十二块是可能的.(b)如果每切一刀后不允许重新安排各块切片,那么在切三刀后能切成多少块?

8.6 证明:只切一刀可能将一个立体的圆环圈切成两个相扣的环.

8.7 构造一个底面半径是 1,高是 $\frac{1}{2}$ 的圆柱.(a)证明:圆柱的上底面的面积和侧面积都等于 π,如图 8.10.2 所示.(b)证明:作一个与圆柱的上底面的面积相同的正方形是可能的.(c)这是否表明化圆为方是可能的?

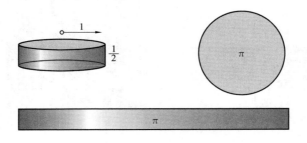

图 8.10.2

8.8 求一个直圆柱和一个平面的交线的坐标方程.(提示:设给定的圆柱在 $Oxyz$ 坐标系中的方程是 $x^2+y^2=r^2$,按照 8.8 节那样旋转,考虑与平面 $\bar{z}=0$ 的交.)

8.9 在第 6 章的引言中我们引进了称为 Villarceau 圆的圆环圈的截面.求该圆的坐标方程,并求它们的公共半径和两圆的圆心之间的距离.[提示:用挑战题 5.5 的记号,圆环圈在 $Oxyz$ 坐标系中的方程是

$$(\sqrt{x^2+y^2}-R)^2+z^2=r^2,0<r<R$$

截面是 $z=y\tan\theta$,这里 $\sin\theta=\frac{r}{R}$(von Rönik,1997).见图 8.10.3,这是圆环圈的截面和所截平面在 Oyz 平面内的模样.现在将轴如图所示地旋转.]

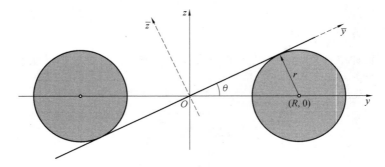

图 8.10.3

第9章　投　　影

在最后的分析中,一幅画不再是一幅画了,无论作画后多么自我满意.一幅画只是一种象征,投影的更深刻的假想中的线遇见更高、更好的维度.

——保罗·克利(Paul Klee)

当一个孩子看到他或她在地面上的影子的时候,也许就是他或她第一次遇见一个三维物体在一个二维平面内的表示.所以从这一意义上说,数学中的投影的概念是一个古老的概念.投影服务于许多目标,从绘画中的透视的创立,建筑绘画中的多重投影,到对地球表面的各种投影绘制地图.事实上,本书中的几乎每一幅插图都是三维物体在二维页面上的投影!

在本章中我们探索各种投影和投影方法以及大量问题的应用.我们采用投影生成地球的平面地图,推导多面体的欧拉公式,并研究多面体的哈密顿圈,证明毕达哥拉斯定理对球面三角形的类似的定理以及平行四边形在空间的类似的定理,建立像卢米斯—惠特尼不等式那样的不等式,还考查和解决某些平面几何问题,采用的方法是将这些问题解释为投影.

9.1　经典投影及其应用

正如上面指出的那样,我们都熟悉物体的投影是由于日光的照射而生成的影子或影像.一个古老而重要的这样的投影是用来报时的.

太阳,影子和日晷

日晷是通过物体的影子测量太阳在天空中的位置来报时的一种装置.最简单的日晷是杆子的影子.考古学家发现的古埃及、古巴比伦和中国的日晷可追溯到公元前 1500 年.直至今日还存有大量的日晷的设计,在水平方向,竖直方向或者倾斜的平面上,半个圆柱上,半个球面上等投射出影子.在图 9.1.1 中我们看到在温哥华的克拉克学院的校园里的一个弯弓形的赤道日晷.

投影的第二个应用是使用线性透视在二维素描画、油画或壁画上创造出三维的错觉.一般认为大约在 1425 年首先提出利用唯一消失点的数学透视应归功于菲利波·布

图 9.1.1

鲁内列斯基(Filippo Brunelleschi). 1435年,莱昂·巴蒂斯塔·阿尔伯蒂(Leon Battista Alberti)写了《论画》(*Della Pittura*),也许这是首先考虑到线性透视规律的著作. 大约在 1480年皮耶罗·德拉·弗朗切斯卡(Piero della Francesca)写了《论绘画中的透视》(*De Prospectiva Pingendi*),这是一篇关于透视的数学论文. 像达·芬奇和丢勒那样的艺术家为在油画和素描画中使用透视做出了巨大的贡献. 对透视的研究直接导致几何学的两个分支的发展:吉拉德·德萨格(Girard Desargues)的射影几何和加斯帕尔·蒙日(Gaspard Monge)的画法几何.

绘画中的透视和投影

透视(拉丁文 perspicio,意为"看透")是在像纸张或幕布那样的二维媒介上表示一个三维景象的数学体系. 其最初的目标是创造一个有深度感的外观. 艺术家体现了这一点,在画远处的物体时画小一点,在画平行线时,画成相交于一个或者几个点的直线. 在图 9.1.2(a)中我们看到拉斐尔(Raphael)的画《雅典学院》(1509—1511),这是在画作的中心附近有唯一消失点的一幅壁画;图 9.1.2(b)中的古斯塔夫·卡耶博特(Gustave Caillebotte)的《雨天的巴黎街道》(1877)是有两个消失点的一幅油画,一点在左边缘,一点在中心附近.

(a)

(b)

图 9.1.2

　　艺术家将油画帆布想象为一个窗口,所画的物体透过窗口就像在图 9.1.3 中看到的长方体.此时被画在帆布上的直线表示地平线,在这个例子中有两个消失点.最后视线将画家的眼睛与帆布上远处的长方体相连.

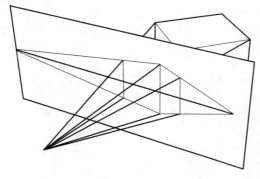

图 9.1.3

　　现代照相机的先驱是暗箱照相机,是利用日光投射出影像的简单发明.

暗箱照相机

　　暗箱照相机是由光线自然产生透视的一个应用,是将一个影像投射到墙或银幕这样的一个平面上的装置.光线通过小屋的墙上或长方体的盒子上的一个小孔使外面的物体的影像重现在屏幕上,虽然是倒立的,如图 9.1.4 中所示的 1781 年的版画.

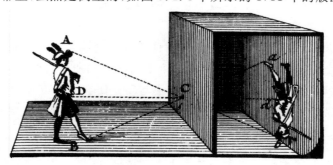

图 9.1.4

关于错误透视的讽刺文学

　　1754 年英国画家约翰·约书亚·柯比(John Joshua Kirby)写了一本名为《布鲁克·泰勒博士的透视方法使理论和实践都变得容易》的小册子,为此英国艺术家威廉·霍加斯(Willam Hogarth)创作了图 9.1.5 中的版画《关于错误透视的讽刺文学》.在版画的底部刻着"无论谁做出一个没有透视知识的设计都将对这个卷头插画中显得那样荒唐负有责任"的字样.

图 9.1.5

9.2　映　射　地　球

投影的一个重要的实际应用是将一个球体表面表达为可展开的曲面,如平面、圆柱面或圆锥面.可展开的曲面是可以展开成一个平面图形的曲面.制图学(Cartography,源自希腊文 χ άρτης,意为"纸张",γρ αφω 意为"书写")是研究地图以及如何画地图的学科.制图学家将地球表面表示为可展开的曲面称为投影.三类经典的地图投影是平面型投影、圆柱面型投影和圆锥面型投影.

在本节中我们假定地球是一个半径等于 1 的球面,纬度 λ 用弧度制度量($\lambda \in [-\frac{\pi}{2}, \frac{\pi}{2}]$),经度 φ 类似($\varphi \in (-\pi, \pi]$).赤道的纬度是 0,两极的纬度是 $\pm\frac{\pi}{2}$,而格林尼治天文台的本初子午线的经度是 0,国际日期变更线的经度是 π.

我们讨论的前几个投影是物理投影,我们假想有一个光源将一个影像映射到一个平面上.但是对于其他一些投影,我们用数学投影,其中一些数学函数将地球表面上一点的坐标映射到平面、圆柱面、圆锥面上的点的坐标.

日晷投影　一种简单的平面型(或 azimuthal,源自阿拉伯文 as-sumut,意为"罗盘方位")投影称为日晷(gnomonic,源自希腊文 γνωμων 意为"木工直角尺")投影,也许是米利都学派的泰勒斯(Thales)首先用来映射天空. 为了构建这样一个所说的地图, 假想在北半球上放一张平整的纸与球体相切于北极, 如图 9.2.1 所示. 如果球是透明的, 位于球心的光源将把陆地的影子和经纬线投影到纸面上形成地图.

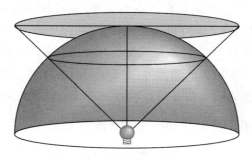

图 9.2.1

在日晷投影中地球上所有的大圆(赤道除外)映射为直线, 所以地球上最短的路径映射到地图上的最短路径. 利用三角学知识容易证明纬度为 λ 的纬线映射为半径为 $r(\lambda) = \cot \lambda$ 的圆, 这里的 λ 在 $[\alpha, \frac{\pi}{2}]$ 中, α 是 $(0, \frac{\pi}{2})$ 中某个固定的数(见挑战题 9.1). 但是形状、面积和大小随着远离地图的中心点(切点)的移动有很大的扭曲.

球面投影 第二种平面型投影是球面(stereographic, 源自希腊文 $\sigma\tau\varepsilon\rho\varepsilon o$ 意为"立体")投影, 在公元前 2 世纪希腊人和埃及人就已知晓. 制作球面投影的地图与制作日晷投影的地图相似, 只是现在是将光源放在与切点径直相对的点处(在这种情况下放在南极)如图 9.2.2 所示.

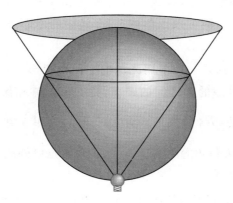

图 9.2.2

球面投影对远离中心点的面积也有扭曲, 但是仍然用来映射南北极附近的区域. 在这种投影下纬度为 λ 的纬线映射为半径 $r(\lambda) = 2\tan[(\frac{\pi}{4} - \frac{\lambda}{2})]$ 的圆, 这里对于 $(-\frac{\pi}{2}, \frac{\pi}{2})$

中的某个固定的 α，λ 在 $[\alpha,\frac{\pi}{2}]$ 中(见挑战题 9.1).

如果一个投影保持角不变，也就是说，地图上两个大圆的像之间的角和这两个大圆之间的二面角相同，那么这个投影就称为保角投影. 见对球面投影是保角投影的一个简单证明的(Feeman，2002)，由于保持角不变，因此局部保持形状不变.

正交投影 第三种平面型投影称为正交(orthographic，源自希腊文 $o\rho\theta\iota o\varsigma$，意为"直的，竖立的")投影，也为古希腊人和古埃及人所知晓. 这是"从太空中看"地球的地图，其中半球上每一个点都被投影到切面上最近的点. (图 9.2.3)纬度为 λ 的纬线映射为半径为 $r(\lambda)=\cos\lambda$ 的圆，这里 λ 在 $[0,\frac{\pi}{2}]$ 中(见挑战题 9.1).

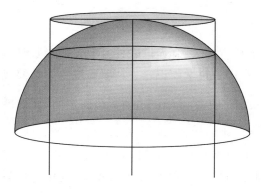

图 9.2.3

正如上面讨论的平面型投影，区域的扭曲随着远离中心的距离而增加. 我们在这里提一下地球表面上任意一点都可以用作切点，即地图的中心点. 赤道上的一点常被用来生成所说的地图，

方位角等距离投影 这是一种不用光源的平面型投影，而纯粹是一种数学压缩. 适当调整地图上相应于纬线圈的圆之间的距离，我们就能够确保离中心点的距离是正确的，也就是说，纬度为 λ 的纬线的像是 $r(\lambda)=\frac{\pi}{2}-\lambda$，这里 λ 在 $[-\frac{\pi}{2},\frac{\pi}{2}]$ 中(见挑战题 9.1). 这样一种投影称为方位角等距离投影. 除了中心点以外的点之间的距离并不正确，远离中心点的区域又被扭曲了.

兰伯特(Lambert)等面积方位角投影 我们讨论的最后一种平面型投影是由瑞士数学家兰伯特创立的. 在图 9.2.4 中我们见到地球和切于北极的一个平面的一个纵截面. 用中心在北极的圆弧将地球上每一点都投影到平面. 三角学证明纬度为 λ 的纬线投影成半径为 $r(\lambda)=2\sin(\frac{\pi}{4}-\frac{\lambda}{2})$ 的圆，这里 λ 在 $[-\frac{\pi}{2},\frac{\pi}{2}]$ 内(见挑战题 9.1). 因为地图以正确的比例显示地球上一些区域的面积，所以这种投影称为"等面积投影". 证明见文献

(Feeman,2002).

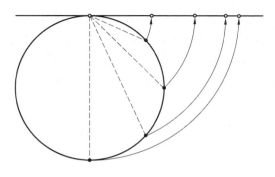

图 9.2.4

现在我们考虑几种圆柱型投影,这里地球表面被投影到与所说的地球相切于赤道的一个圆柱上. 此时将圆柱打开,展开生成地球的一个地图. 在一般情况下,经线和纬线的像在地图上形成水平直线和均匀分布的竖直直线的一个矩形网格.

等矩形投影 等矩形投影也许是最简单的投影. 将地球包住的圆柱由一个 $2\pi \times \pi$ 的矩形形成,将一个 Oxy 直角坐标系赋予这个圆柱侧面,坐标系的原点是矩形的中心,x 轴是赤道,y 轴是本初子午线. 将地球上经度是 φ,纬度是 λ 的点投影到圆柱侧面上的点 $(x, y) = (\varphi, \lambda)$. 展开圆柱侧面就得到等矩形投影地图.

兰伯特等面积圆柱型投影 兰伯特在 1772 年还公布了这个圆柱型投影. 它与等矩形投影的不同在于地球上的点被水平投影到圆柱面上,所以地球上经度是 φ,纬度是 λ 的点被投影到圆柱侧面上的点 $(x, y) = (\varphi, \sin \lambda)$,因此地图是一个 $2\pi \times 2$ 的矩形.

它有"等面积"的性质是因为球面上和圆柱上相应的区域(在垂直于球或圆柱的轴的两个平行平面之间的区域)有相同的面积(可见图 10.5.7). 于是,接近两极之一的国家在水平方向上扩大,在竖直方向上压缩,面积保持正确的比例. 这种扭曲阻止了这一投影发挥很多用处.

墨卡托

兰伯特

墨卡托投影 我们的第三种圆柱型投影是墨卡托(Mercator)投影,它由比利时北部的佛兰芒(Flemish)制图学家格哈雷·克雷默(Gerhard Kremer)在 1569 年引进. 他最广为人知的是他的拉丁文名字 Gerardus Mercator. 墨卡托的地图成为航海中的应用标准, 因为具有罗盘方位常数(如 NE 或 WSW)的路径在地图上是直线. 于是这些直线以一个固定的角跨越经线, 这意味着墨卡托投影像球面投影那样是保角的.

墨卡托地图与前面在纬线的像的方程中讨论的两种圆柱型投影不同. 它可以用积分证明纬度为 λ 的纬线由曲线

$$y = y(\lambda) = \int_0^\lambda \sec\theta \, d\theta = \ln\left[\left(\tan\frac{\pi}{4} + \frac{\lambda}{2}\right)\right]$$

给出.

因此, 远离北极或远离南极的区域被大大地扩张了.

圆锥型投影 在圆锥型投影中, 在球体上的一个适当的点(如北极的上方)放一个圆锥或圆台与球相切于一个适当的纬度(或与球相交于两条纬线处). 球心的一个光源将地球的地图投影到圆锥上, 于是沿着一条经线将圆锥切开展平.

在这种地图上, 纬线的像是同心圆, 经线的像是直线. 投影可以调整, 使生成的地图是保面积和保角的. 这样的地图很少用于世界地图, 但是常用于东西方向的区域. 美国地理测绘局的地形地图最初就是建立在圆锥型投影的基础上的.

机械制图中的三视图

有一些作者在初中时就学习机械制图(也称为技术或工程制图). 这门学科的目的是用一个物体三个二维视图表示这个三维物体. 通常是俯视、正视和侧视(一般是右视). 每一个都是用一个正交投影得到的, 手工的绘图工具有直尺、T 形矩尺、圆规、三角尺、曲线板等. 在图 9.2.5 中我们看到图 5.11.6(c)中的软木塞子的图片.

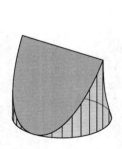
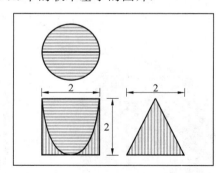

图 9.2.5

今日这样的绘图已很少用手工画, 而是用 CAD 程序(计算机辅助设计)代替.

9.3　欧拉的多面体公式

　　1752 年欧拉宣布他发现了著名的公式 $V-E+F=2$,其中,V,E,F 分别是凸多面体的顶点数、棱数和面数.2007 年瑞士为纪念欧拉诞生 300 周年发行了邮票以纪念欧拉及其公式(图 9.3.1(a)).邮票上显示的多面体有时被称为丢勒体,因为它出现在由丢勒在 1514 年创作的版画 *Meleconia I* 中(图 9.3.1(b)(c)).对于丢勒体,$V=12,E=18,F=8$,且 $12-18+8=2$.

(a)　　　　　　　　　　(b)　　　　　　　　　　(c)

图 9.3.1

　　这一公式之所以著名是因为它适用于任何凸多面体,不管其大小或形状如何.这一公式的第一个粗略的证明似乎是由勒让德(Legendre)在 1794 年发表的,我们下面要谈及这一点.勒让德的证明是建立在一个投影以及在 6.4 节的讨论球面几何的基础上.其他许多证明都是熟知的,见收集了二十种不同证明的文献.

　　欧拉的多面体公式　　如果 V,E 和 F 分别是凸多面体的顶点数、棱数和面数,那么
$$V-E+F=2$$

　　证明　　我们首先将多面体放缩并将骨架(只有顶点和棱没有面的网,如邮票上所示)插入一个半径为 1 的球中,然后用位于球心的光源将这一骨架映射到球面上.这一放射状的映射生成一个球面多面体,它的棱就是大圆的弧,V,E 和 F 与原多面体是同一个值.在 6.4 节中,我们证明了半径是 1 的球上的球面 n 边形的面积由 $A_n=S_n-(n-2)\pi$ 给出(这里 S_n 表示球面 n 边形的二面角的和),现在我们可以建立欧拉的多面体公式了.

　　因为半径为 1 的球的面积是 4π(见 10.5 节),这也是 F 个球面多边形面的面积的和.因此
$$4\pi=\sum_{\text{面}}\left[(\text{角的和})-(\text{边数}-2)\pi\right]$$
$$=\sum_{\text{面}}\left[(\text{角的和})-(\text{边数})\pi+2\pi\right]$$

　　因为每个顶点周围的角将 2π 提供给总和,所以二面角的和在各个面上的总和是

$2\pi V$. 所有的多边形的边数的和是 $2E$, 这是因为每一条棱都是两个多边形共有的, 于是

$$4\pi = 2\pi V - 2\pi E + 2\pi F = 2\pi(V - E + F)$$

即 $V - E + F = 2$. [见挑战题 9.3 到 9.6 以及关于欧拉的多面体公式的多个推论的文献 (Alsina et al, 2010)].

9.4 毕达哥拉斯和球

也许平面几何中最著名的定理是涉及直角三角形的边长的毕达哥拉斯定理. 球面上的直角三角形是否存在一个毕达哥拉斯定理呢? 我们将会看到答案是肯定的, 但是这一定理的形式与平面内的版本很不相同.

我们推导球面毕达哥拉斯定理所用的工具是我们在 9.3 节中看到的球到一个平面的日晷投影, 我们用它来推导余弦定理的一个球面版本. 我们假定球的半径是 1, O 表示球心. 我们想起在 6.4 节中球面三角形是球面上的三个相交的大圆形成的, 球面三角形的三个角 A, B, C 是各对大圆所在平面之间的二面角. 球面三角形的边长 a, b, c(a 是对角 A 的边长等)是大圆的弧长, 等于对 O 的张角的弧的大小(圆的半径是 1). 如图 9.4.1(a), 这里我们首先考虑边长 a 和 b 都小于 $\frac{\pi}{2}$ 的情况.

将顶点 C 作为球的北极, 我们用日晷投影分别将 A 和 B 映射到与球相切的平面上的 D 和 E(图 9.4.1(b)). 因为 OCE 是直角三角形, $|CE| = \tan a$ 和 $|OE| = \sec a$, 类似地有 $|CD| = \tan b$ 和 $|OD| = \sec b$. 现在我们可以使用常规的(平面的)余弦定理用两种方法计算 $|DE|$. 在切平面内, 我们有

$$|DE|^2 = \tan^2 a + \tan^2 b - 2\tan a \tan b \cos C$$

(这里 $\cos C$ 表示 C 处的二面角的余弦). 类似地, 在三角形 ODE 中, 我们有

$$|DE|^2 = \sec^2 a + \sec^2 b - 2\sec a \sec b \cos c$$

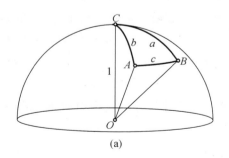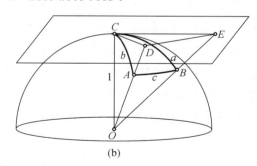

图 9.4.1

将 $|DE|^2$ 的第二个表达式减去第一个表达式得到

$$0=2+2\tan a\tan b\cos C-2\sec a\sec b\cos c$$

或

$$\sec a\sec b\cos c=1+\tan a\tan b\cos C$$

两边乘以 $\cos a\cos b$ 得到球面余弦定理的一种形式

$$\cos c=\cos a\cos b+\sin a\sin b\cos C \tag{9.1}$$

现在考虑 a 在 $(\frac{\pi}{2},\pi)$ 和 b 在 $(0,\frac{\pi}{2})$ 的情况. 在这种情况下，A 的射影从 A 出发经过 O 和球面上与 A 径直相对的 A' 投影到切面. 球面三角形 $A'BC$ 的边长为 $\pi-a,b$ 和 $\pi-c$，它在北极处的角的大小是 $\pi-C$. 将式(9.1)用于这个三角形，得到

$$\cos(\pi-c)=\cos(\pi-a)\cos b+\sin(\pi-a)\sin b\cos(\pi-C)$$

这等价于式(9.1). b 在 $(\frac{\pi}{2},\pi)$ 和 a 在 $(0,\frac{\pi}{2})$ 的情况类似.

对于 a 和 b 都在 $(\frac{\pi}{2},\pi)$ 的情况，将 A 和 B 分别从 A 和 B 出发经过 O 和球面上与 A 和 B 径直相对的 A' 和 B' 投影到切面. 球面三角形 $A'B'C$ 的边长为 $\pi-a,\pi-b$ 和 c，它在北极处的角的大小是 C. 将式(9.1)用于这个三角形，得到

$$\cos c=\cos(\pi-a)\cos(\pi-b)+\sin(\pi-a)\sin(\pi-b)\cos C$$

这等价于式(9.1). 当 a 或 b 等于 $\frac{\pi}{2}$ 时，由余弦函数的连续性，式(9.1)也成立.

余弦定理的另外两种形式将顶点 B 和 A 作为北极用日晷射影得到

$$\cos b=\cos c\cos a+\sin c\sin a\cos B$$

$$\cos a=\cos b\cos c+\sin b\sin c\cos A$$

设在式(9.1)中的角 C 是直角，得到下面的定理.

球面三角形的毕达哥拉斯定理 设 ABC 是在半径为 1，圆心为 O 的球上的 C 为直角的球面直角三角形，设 a,b,c 分别是 A,B,C 的对边的长，那么

$$\cos c=\cos a \cdot \cos b$$

球面毕达哥拉斯定理的形式与平面内的毕达哥拉斯定理的形式很不相同，不存在平方项，右边是积而不是和. 但是当三角形很小时，即当 a,b,c 都接近于 0 时，球面版本应该近似于平面版本($c^2=a^2+b^2$). 当一个数 x 接近于 0 时

$$\sin\frac{x}{2}\approx\frac{x}{2}$$

于是

$$\cos x=\cos 2\cdot\frac{x}{2}=1-2\sin^2\frac{x}{2}\approx1-\frac{x^2}{2}$$

因此，当三角形"很小"时，$\cos c=\cos a \cdot \cos b$ 近似于

$$1-\frac{c^2}{2}\approx(1-\frac{a^2}{2})(1-\frac{b^2}{2})\approx1-\frac{a^2}{2}-\frac{b^2}{2}$$

（因为 $a^2b^2\approx0$）. 这等价于 $c^2\approx a^2+b^2$.

球面余弦定理能够求出地球上任意两点之间的大圆距离.（见挑战题 9.8）

9.5　毕达哥拉斯和空间平行四边形

在 5.4 节中我们遇到过作为毕达哥拉斯定理在三维的推广的德古阿定理,在上面一节中我们考虑了球面版的毕达哥拉斯定理.另一个不太有名的毕达哥拉斯定理的推广是在三维空间的平行四边形(Cook,2013).

空间平行四边形的毕达哥拉斯定理　在三维空间内,平行四边形的面积的平方等于它在三个坐标平面内的投影的面积的平方和.(图 9.5.1)

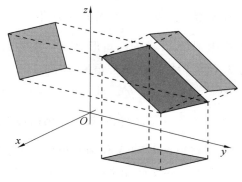

图 9.5.1

不失一般性,我们可以用平行四边形的一个顶点作为坐标轴的原点. 设 $OABC$ 是 $O=(0,0,0)$, $A=(a_1,a_2,a_3)$, $B=(b_1,b_2,b_3)$, $C=(a_1+b_1,a_2+b_2,a+b_3)$ 的平行四边形, 设 θ 表示 OA 和 OB 之间的夹角,那么平行四边形 $OABC$ 的面积 $|OABC|$ 满足

$$|OABC|^2=|OA|^2|OB|^2\sin^2\theta=|OA|^2|OB|^2-|OA|^2|OB|^2\cos^2\theta$$

在 $\triangle OAB$ 中用余弦定理,我们有

$$|OA|^2|OB|^2\cos^2\theta=\frac{1}{4}(|OA|^2|OB|^2-|AB|^2)^2$$

$$=\frac{1}{4}[a_1^2+a_2^2+a_3^2+b_1^2+b_2^2+b_3^2-$$

$$(a_1-b_1)^2-(a_2-b_2)^2-(a_3-b_3)^2]$$

$$=(a_1b_1+a_2b_2+a_3b_3)^2$$

因此

$$|OABC|^2=(a_1^2+a_2^2+a_3^2)(b_1^2+b_2^2+b_3^2)-(a_1b_1+a_2b_2+a_3b_3)^2$$

$$= (a_1b_2 - a_2b_1)^2 + (a_2b_3 - a_3b_2)^2 + (a_1b_3 - a_3b_1)^2$$

为了求 $OABC$ 在 Oxy 平面上的投影的面积的平方,我们设 $a_3 = b_3 = 0$ 恰好用同样的过程,得到 $(a_1b_2 - a_2b_1)^2$. 类似地,$OABC$ 在 Oyz 平面上的投影的面积的平方是 $(a_2b_3 - a_3b_2)^2$,$OABC$ 在 Oxz 平面上的投影的面积的平方是 $(a_1b_3 - a_3b_1)^2$,这样就证明了结果.

实际上该定理对另一些平面多边形也成立,对某些三角形就有一个例子,如在 5.3 节中的德古阿定理.另一个例子是考虑一个正方体的六边形截面,如图 5.1.1 所示.对于这个单位正方体,六边形截面的面积是 $\frac{3\sqrt{3}}{4}$,在正方体的三个互邻的面上的投影中的每一个的面积是 $\frac{3}{4}$ 或 $\left(\frac{3\sqrt{3}}{4}\right)^2 = 3 \cdot \left(\frac{3}{4}\right)^2$.

9.6 卢米斯－惠特尼不等式

卢米斯－惠特尼不等式(Loomis et al,1949)提供了一个立体图形用它的面在三个坐标平面上的投影的面积表示的体积的上界.

卢米斯－惠特尼不等式定理 设 V 是一个立体图形 T 的体积,A_x, A_y, A_z 分别是 T 在平面 $x = 0, y = 0, z = 0$ 上的投影的面积,那么

$$V \leqslant \sqrt{A_x A_y A_z} \tag{9.2}$$

例如,考虑图 5.11.6(c) 和图 9.2.10 中的软木塞子.因为它的三个投影的面积是 π,4 和 2,它的体积,和任何能够穿过图 5.11.6(a) 中的三个孔的软木栓塞的体积必小于或等于 $\sqrt{8\pi}$. 为了证明这一定理我们需要以下引理.

引理 设 S 是各个面都平行于坐标平面,且中心在格点(坐标是整数的点)上的有限个单位正方体的集合,再设 S_x 是将 S 投影到平面 $x = 0$ 上得到的单位正方形的集合(对 S_y 和 S_z 类似定义).设 N 是 S 中正方体的个数,N_x 是 S_x 中正方形的个数(对 N_y 和 N_z 的定义类似),那么 $N \leqslant \sqrt{N_x N_y N_z}$.

在引理的证明中我们将使用柯西－施瓦茨不等式在 n 维的形式:对于实数 $a_1, a_2, \cdots, a_n, b_1, b_2, \cdots, b_n$,有

$$|a_1b_1 + a_2b_2 + \cdots + a_nb_n| \leqslant \sqrt{a_1^2 + a_2^2 + \cdots + a_n^2} \sqrt{b_1^2 + b_2^2 + \cdots + b_n^2}$$

(见挑战题 9.15)

为了证明这一引理,设 $S_{x=i}$ 是中心有第一个坐标 i 的 S 中的正方体的集合,设 a_i 是 $S_{x=i}$ 中正方体的个数.再设 $S_{y|x=i}$ 是 $S_{x=i}$ 在平面 $y = 0$ 上的投影,$a_{y|x=i}$ 是 $S_{y|x=i}$ 中正方体的个数.类似地定义 $S_{z|x=i}$ 和 $a_{z|x=i}$.(图 9.6.1)

于是 $a_i \leqslant N_x$ 和 $a_i \leqslant (a_{y|x})(a_{z|x})$,因此

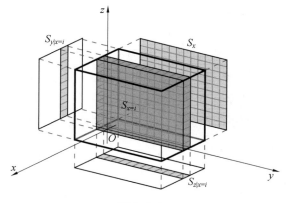

图 9.6.1

$$N = \sum_i a_i$$
$$= \sum_i \sqrt{a_i} \cdot \sqrt{a_i}$$
$$\leqslant \sum_i \sqrt{N_x} \cdot \sqrt{a_i}$$
$$\leqslant \sqrt{N_x} \sum_i \sqrt{a_{y|i}} \sqrt{a_{z|i}}$$
$$\leqslant \sqrt{N_x} \sum_i \sqrt{a_{y|i}} \sum_i \sqrt{a_{z|i}}$$
$$= \sqrt{N_x} \sqrt{N_y} \sqrt{N_z}$$

引理中的这一结果——计算正方体和正方形的个数——与被计数的正方体和投影正方形的大小无关. 为了证明这一定理,设 ε 是正数,构筑一个正方体分割,将空间再分割成棱长为 δ 的正方体,让 δ 如此的小使 S' 是 T 内部的正方体的集合,于是 $T\backslash S'$ 的体积小于 ε. 设 V' 表示 S' 的体积,利用引理(及其记号)计算 S' 中的正方体的个数,得到

$$V'^2 = N^2(\delta^3)^2 \leqslant N_x\delta^2 \cdot N_y\delta^2 \cdot N_z\delta^2$$
$$\leqslant A_x A_y A_z$$

因为 ε 是任意的,所以推出式(9.2). 当 T 是长方体时,我们有式(9.2)中的等式.

不可能的物体

不可能的物体是光学错觉的一种形式,是一种二维图形,它看上去是一个几何上不可能的三维物体的二维投影. 两个最著名的例子是三齿单槽叉(或魔鬼的叉子)和彭罗斯三角形,如图 9.6.2 所示.

诸多显眼的不可能物体的图形可在荷兰艺术家莫里茨·科内利斯·埃舍尔(Maurits Cornelis Escher)的著作中找到.

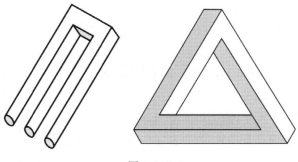

图 9.6.2

9.7 四面体体积的一个上界

在计算一个多面体的体积中的一个共同的步骤经常是确定一条高的长,即一个顶点在一个平面上的投影.例如,考虑一个体积是 V 的四面体 $ABCD$,设 m 是它的最长的棱的长.我们断言 $V \leqslant \dfrac{m^3}{8}$.在图 9.7.1(a)中我们看到 $ABCD$,不失一般性,有 $m = |BC|$.

为了求 V 的上界,我们首先求底 $\triangle BCD$ 的面积和高 h 的界.因为 BC 是最长的棱,$\triangle BCD$ 必在图 9.7.1(b)中有弯曲的上边界的区域内,它的高是 $\dfrac{\sqrt{3}}{2}m$.因此 $\triangle BCD$ 的高小于或等于 $\dfrac{\sqrt{3}}{2}m$,所以底面积不能超过 $\dfrac{\sqrt{3}}{4}m^2$.类似地,$\triangle ABC$ 的高小于或等于 $\dfrac{\sqrt{3}}{2}m$,又因为 h 是到 $\triangle BCD$ 的平面的最短距离,所以 $h \leqslant \dfrac{\sqrt{3}}{2}m$.于是我们有

$$V \leqslant \frac{1}{3} \cdot \frac{\sqrt{3}}{4}m^2 \cdot \frac{\sqrt{3}}{2}m = \frac{m^3}{8}$$

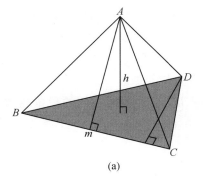

(a)

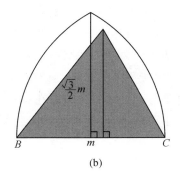

(b)

图 9.7.1

是否存在体积达到这个上界的四面体呢?(见挑战题 9.14)

9.8　逆　投　影

　　一个令人惊讶而又有用的解决某些平面问题的技巧是将平面图形解释为一个三维物体的投影.下面是两个例子.

　　例 9.1　1916 年 R. A. 约翰逊(R. A. Johnson)发现了以下结果(Johnson,1916),这一结果被描写成"几何中最初等水平的真正漂亮的定理之一"(Honsberger,1976):如果三个同样半径的圆相交于一点,那么另三个交点确定的第四个圆有同样的半径.(图 9.8.1(a))

　　这个漂亮的证明在于用三维的视角观察这个图形.点用图 9.8.1(a)中的字母表示.设 r 是这三个圆的共同的半径,交点 A,B,C 和三个圆心形成一个分成三个菱形的六边形,如图 9.8.1(b)所示.九条粗线段中的每一条的长都是 r,再画三条长为 r 的虚线段形成一个正方体的平面投影.A,B,C 离另一点的距离为 r,因此第四个圆的半径也是 r.

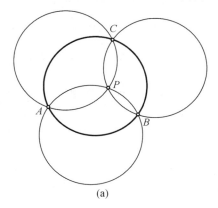
(a)
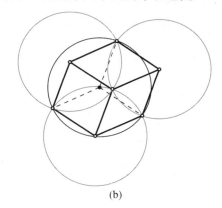
(b)

图 9.8.1

　　例 9.2　假定我们在平面内有三个圆,每个圆与另两个圆相交两次,但是没有所有三个圆的共同点,如图 9.8.2 所示.如果我们画每一对圆的公共弦,那么它们相交于一点.

　　为了证明这一美妙的性质,我们用挑战题 6.3 及其解答:彼此相交的三个球至多有两个公共点.现在考虑图 9.8.2,图中的三个圆是被本页的页面所截的三个球的赤道.那么这些弦就是每一对球相交的圆在本页的页面上的投影.根据我们的预备性的结果,这三个球相交于两点,它们都投影到这三条弦的交点上.

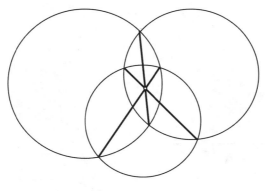

图 9.8.2

缺掉的一块

看图 9.8.3——你看见了什么？是缺掉一块的馅饼吗？将本页的页面旋转 180° 试试.

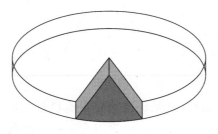

图 9.8.3

当这个图片被颠倒后,你看这缺掉一块的馅饼.实际上这并不是一个光学错觉.我们的大脑就是这样用来从上面——而不从下面观察物体的.它们是在经验的基础上自动地解释这张图片的.

9.9 多面体的哈密顿圈

研究多面体的性质的一个富有成效的方法是通过其框架的投影.在 9.3 节中我们将一个多面体的框架投影到其外接球的球面上去证明欧拉的多面体公式.在本节中,我们将这个框架投影到一个平面上研究多面体的哈密顿(Hamilton)圈.这些圈以爱尔兰数学家哈密顿的名字命名.他在 1859 年发明了使用哈密顿圈的一种游戏(在一个正十二面体的棱上寻找哈密顿圈).

在图 9.9.1(a)中,我们看到一个四面体的框架的投影.在图 9.9.1(b)中,我们看到被位于正方体上方的光源投影到一个平面上形成的正方体框架的投影.

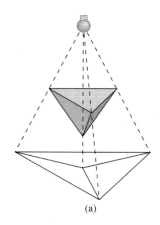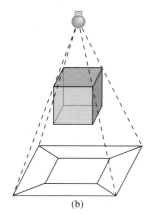

图 9.9.1

在图 9.9.2 中我们看到五种正多面体的框架的投影.

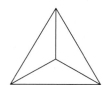

图 9.9.2

多面体中的哈密顿圈(或环路)是访问每个顶点恰好一次后回到出发点的一条路径(联结顶点的棱的序列). 在图 9.9.3(a)中我们在正十二面条的框架中看到这样一个环路. 事实上,容易证明另外四个柏拉图体也有哈密顿圈.

自然产生一个问题:是否所有的多面体都存在哈密顿圈? 回答是否定的. 我们在 4.5 节中第一次遇到的菱形十二面体就是一个反例. 记得菱形十二面体有 14 个顶点和 24 条棱;它的框架的一个投影如图 9.9.3(b)所示. 14 个顶点中,有 8 个顶点的度数(一个顶点的度数是相交于此的棱的条数)是 3,6 个顶点的度数是 4. 在图 9.9.3(b)中我们将度数是 3 的点涂上黑色,将度数是 4 的点涂上白色.

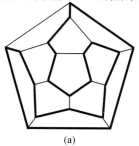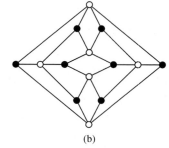

图 9.9.3

每一条棱都联结一个黑点和一个白点. 所以如果存在一个哈密顿圈, 那么在路径上是黑白顶点交叉出现. 但是因为存在 8 个黑顶点和 6 个白顶点, 所以不存在哈密顿圈.

9.10 挑 战 题

9.1 在 9.3 节中我们介绍了关于几种平面投影的断言, 纬度为 λ 的纬线映射为一个半径为 $r(\lambda)$ 的圆, 如表 9.1 所示. 证明每一种断言是正确的.

表 9.1

平面投影	$r(\lambda)$
(1)日晷投影	$r(\lambda) = \cot \lambda$
(2)球面投影	$r(\lambda) = 2\tan\left(\dfrac{\pi}{4} - \dfrac{\lambda}{2}\right)$
(3)正交投影	$r(\lambda) = \cos \lambda$
(4)方位角等距离投影	$r(\lambda) = \dfrac{\pi}{2} - \lambda$
(5)兰伯特等面积方位角投影	$r(\lambda) = 2\sin\left(\dfrac{\pi}{4} - \dfrac{\lambda}{2}\right)$

9.2 一个理想的地图(Feeman, 2002)是将大圆映射成直线, 且是保角的. 理想的地图是否存在?

9.3 在本挑战题中, 你将会发现一个多面体恰好能有多少条棱. 如 9.4 节中, 设 V, E, F 分别表示一个多面体的顶点数、棱数和面数.

(a)证明: $2E \geqslant 3F$ 和 $2E \geqslant 3V$. (提示: 因为每一条棱都是两个面的边, 每个面的边数的平均数是 $\dfrac{2E}{F}$, 且这个平均数至少是 3.)

(b)证明: $V \geqslant 4$, 因此 $E \geqslant 6$.

(c)在给哥特巴赫(Christian Goldbach)的一封信中, 欧拉写道没有一个多面体恰好有 7 条棱(Cromwell, 1977).

(d)证明: 棱的所有其他条数都是可能的, 也就是说, 对于 $E = 6$ 和 $E \geqslant 8$ 都存在一个棱数为 E 的多面体. (提示: 考查一些棱锥的框架和一个底上的一个角被切掉的一些棱锥.)

9.4 利用欧拉的多面体公式证明恰好存在五种正多面体. 在一个柏拉图体中, F 个面是全等的正 n 边形, 恰好有 d 条棱相交于 V 个顶点中的每一个(是每个顶点的度数). n 和 d 可能是什么数?

（a）证明：$2E＝nF＝dV$.（提示：计算 nF 和 dV 是什么值？）

（b）证明：$\dfrac{1}{n}+\dfrac{1}{d}=\dfrac{1}{2}+\dfrac{1}{E}$，因此有 $\dfrac{1}{n}+\dfrac{1}{d}>\dfrac{1}{2}$.

（c）证明：$\dfrac{1}{n}+\dfrac{1}{d}>\dfrac{1}{2}$ 的仅有的解是 $(n,d)=(3,3),(3,4),(3,5),(4,3)$ 和 $(5,3)$，分别对应正四面体、正方体、正八面体、正十二面体和正二十面体.

9.5　在本挑战题中，你将会证明每一个凸多面体至少有一个面有五条或更少的边.像前几个挑战题那样，设 V,E,F 分别表示一个多面体的顶点数、棱数和面数.

（a）证明：$2E\leqslant 6F-12$.（提示：利用欧拉的多面体公式和每个顶点处的棱的平均数至少是 3 这一事实.）

（b）推导每个面上棱数的平均数小于 6，所以必存在一个边数是 5 或更少的多边形.

9.6　五面体是有五个面的多面体，这五个面不必是正多边形.证明：恰好存在两种五面体.（见挑战题 1.3）

9.7　截头二十面体是一种凸多面体，它有 12 个正五边形的面，20 个正六边形的面，90 条棱和 60 个顶点.它是欧洲足球的模型，也称为巴克球（buckminsterfullerene）.它是在 1985 年被发现的，以美国建筑师 Richard Buckminster Fuller 的名字命名.它的测地线球形穹顶酷似 C_{60} 分子.（图 9.10.1）

图 9.10.1

截头二十面体具有以下性质：

（ⅰ）每个面都是正五边形或正六边形；

（ⅱ）三个面相交于每个顶点.

（a）叙述另一个具有这两个性质的凸多面体.

（b）证明：具有这两个性质的多面体必恰有 12 个五边形面.

9.8　求西班牙巴塞罗那的 BCN 机场（北纬 41.299 094 6°，东经 2.084 507 2°）和俄勒冈州波特兰的 PDX 机场（北纬 45.589 237 4°，西经 122.593 888 6°）之间的大圆距离.地球的平均半径约 6 371 km（或 3 959 mi）.（提示：使用球面余弦定理，并选取北极为球面三角形的第三个顶点.）

9.9　三角形不等式（在三角形中任意一边的长小于或等于另两边的长的和）的一个

类似的不等式是四面体不等式:在四面体中任何一面的面积小于或等于另三面的面积的和.证明这个四面体不等式.

9.10　设 $ABCD$ 是四面体,并设 M 是棱 CD 的中点,如图 5.6.1 所示.证明:$\triangle ABM$ 的面积小于或等于 $\triangle ABC$ 和 $\triangle ABD$ 的面积的算术平均数.

9.11　(a)设立方八面体是一个有 14 个面,24 条棱和 12 个顶点的多面体,如图 4.8.2(a)所示.它是否具有哈密顿圈?

(b)图 9.3.1(c)中的丢勒体是否具有哈密顿圈?

9.12　在图 9.10.2 中我们看到一个九面体(enneahedron,有九个面的立体图形)的框架的投影.这个九面体的所有的面都是四边形.证明它没有哈密顿圈.

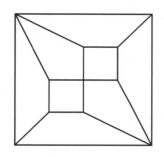

图 9.10.2

9.13　图 9.10.3 中的图形是否能是某个多面体的框架的投影?

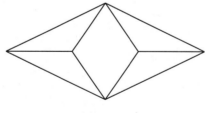

图 9.10.3

9.14　是否存在具有体积 $V=\dfrac{M^3}{8}$ 的这一性质的四面体?这里 M 是最长的棱的长.

9.15　证明 9.6 节中的 n 维柯西—施瓦茨不等式.

(提示:设 $A=\sqrt{a_1^2+a_2^2+\cdots+a_n^2}$,$B=\sqrt{b_1^2+b_2^2+\cdots+b_n^2}$,将 AM-GM 不等式用于 n 对 $\dfrac{|a_i|}{A}$ 和 $\dfrac{|b_i|}{B}$,然后相加.)

9.16　设 V 是立体图形 T 的体积,A_x,A_y,A_z 分别是 T 在平面 $x=0,y=0,z=0$ 上的投影的面积.证明:$\max\{A_x,A_y,A_z\}\geqslant V^{\frac{2}{3}}$,也就是说,$T$ 至少有一个投影的面积至少是 $V^{\frac{2}{3}}$.这一结果有时被称为胖象不等式——一头胖象从所有三个方向看上去都不可能是瘦的.

9.17 证明:不存在形如 $aV+bE+cF=d$ 的方程对一切凸多面体成立,这里 a,b,c 和 d 是实数,除非是欧拉的多面体公式及其倍数.

第 10 章　折叠和展开

> 纯物理的目标是展现容易理解世界的规律;纯数学的目标是展现人类智慧的规律.
>
> ——詹姆斯·约瑟夫·西尔维斯特(James Joseph Sylvester)

当你制作如图 8.6.1 那样的纸张或硬纸板多面体模型时,你也许曾经在立体几何中遇见过折叠和展开.这些技巧也能用于研究多面体的一些性质.我们利用由艺术家丢勒开创的多面体的网研究像三角形多面体那样的多面体集合.我们用简单的折纸就能制作正五边形的模型,也可以"解决"古老的倍立方问题.把"展开"拓展到包括对圆柱和圆锥的展开告诉我们求球的表面积的一种方法.类似地我们求在第 1,5,6 章中引进和研究的双圆柱和三圆锥的表面积.我们也探索一些奇特的多面体,用考查一张纸能够对半折多少次的老问题来结束本章.

折纸

折纸是将一张纸折叠以表示像花鸟之类的对象.模块折纸(用超过一张纸的折纸)可以生成漂亮的多面体的模型,如图 10.0.1 中正十二面体的框架的模型(棱和顶点的集合).

图 10.0.1

折纸样式的数学研究已被藤田－羽鸟（Hazita-Hatori）公理公理化了（Hull，1994，2004），这使折纸等价于欧几里得的尺规作图.

10.1 多面体的网

1525 年德国艺术家和数学家丢勒基于他的经典著作《尺规度量引论》(*Unterweisung der Messung mit dem Zirkel und Richitscheit*) 出版了四本书. 第四本书专门研究多面体.

在前几章中我们用立体图形的二维的视角展现了各种各样的多面体. 这样的展现带来的一个问题，即几乎总有一个或几个面隐藏不见. 为了弥补这一点，丢勒引进了多面体的一个网，也就是沿着立体图形的某几条棱将多面体切开后摊平在平面内形成一个多边形，这就是该多面体的表面的展开图. 丢勒创立的网使观察者能够看到多面体的每一个面的形状. 利用这个网，容易剪出一个多边形，并将这个多边形折叠成一个多面体的模型. 在图 10.1.1 中我们从丢勒的书中看到两张附有网和"线框模型"的正二十面体和正十二面体的框架的示意图.

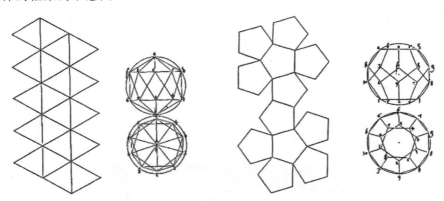

图 10.1.1

但是，多面体和网之间并不存在一一对应的关系. 在图 10.1.2 中我们看到正方体的 11 种展开图中的 2 种. 在挑战题 10.1 中你将寻找到另外 9 种展开图.

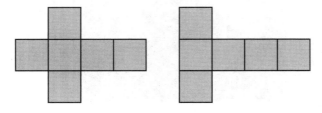

图 10.1.2

此外,两个不同的多面体可能有同一个网,见挑战题 10.2.

谢波德猜想

利用一个网表示一个多面体自然引出一个问题:每一个凸多面体都有一个网吗？也就是说,是否总是能够切割、展开、摊平一个凸多面体使形成的多边形都不重叠呢？这一问题(Shephard,1975)首先是由英国数学家 G. C. 谢波德(G. C. Shephard)在 1975 年提出的,现在还没有答案.但是文献(Bern et al,2003)知道存在不可折叠的(即没有网的)非凸多面体,如图 10.1.3 所示.

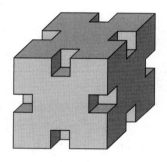

图 10.1.3

10.2 三角形多面体

五种柏拉图体中的三种有等边三角形的面.它们的每个顶点的度数各不相同.多面体的度数是相交于那个顶点的棱的条数(或者等价的,从那个顶点发出的棱的条数).三种有等边三角形的面的柏拉图体的顶点的度数是 $3,4,5$.如果我们放弃所有顶点的度数都相同这一条件,我们是否能够构成其他的等边三角形的面的多面体呢？

只有等边三角形的面的多面体称为三角形多面体,这是因为希腊字母 Δ(delta)看上去像一个等边三角形.本节我们将寻找并描述所有这样的多面体.我们的一个工具是像前一节中所描述的那样的三角形网.在图 10.1.1 的左边,我们看到一个正二十边形(一个三角形多面体)的网和"线框模型"的示意图.

另一个工具当然是 9.3 节中的欧拉的多面体公式 $V-E+F=2$,这里 V,E,F 分别表示多面体的顶点数、棱数和面数.对于一个三角形多面体,每个面都有 3 条棱,所以 $3F$ 是每条棱计算两次,因此 $3F=2E$.将该式与欧拉的多面体公式结合得到 $3V-E=6$.因为三角形多面体的顶点可以有不同的度数,现在我们设 V_3,V_4,V_5 分别是度数为 $3,4,5$ 的顶点数(三角形多面体中没有度数是 6 或更多的顶点).于是 $V_3+V_4+V_5=V$,再对每一类顶点计算棱数得到 $3V_3+4V_4+5V_5=2E$.将这两个等式代入 $3V-E=6$ 中得到

$$3V_3 + 2V_4 + V_5 = 12 \qquad\qquad (10.1)$$

用枚举法容易求出(方程 10.1)的 19 组解,这些解由表 10.1 给出.

表 10.1 $3V_3 + 2V_4 + V_5 = 12$ 的 19 组解

V_3	V_4	V_5	V_3	V_4	V_5	V_3	V_4	V_5
0	0	12	0	6	0	2	1	4
0	1	10	1	0	9	2	2	2
0	2	8	1	1	7	2	3	0
0	3	6	1	2	5	3	0	3
0	4	4	1	3	3	3	1	1
0	5	2	1	4	1	4	0	0
			2	0	6			

现在我们要用多面体的网证明表 10.1 中的没有阴影的 11 种情况是不可能的. 我们首先考虑 $V_3 \geqslant 1$ 的 12 种情况,其中至少存在一个度数是 3 的顶点 P. 我们称这些面为 PAB,PAC 和 PBC. 于是有两种方法构成一个三角形多面体:

(a)我们用单个面 ABC 得到正四面体而构成三角形多面体,如图 10.2.1(a)所示(附网).

(b)我们可以再将三个等边三角形黏贴在棱 AB,BC 和 AC 上,每个三角形的第三个顶点黏贴在共同的顶点 D 处形成一个双重三棱锥(triangular bipyramid,两个正四面体面对面相连),如图 10.2.1(b)所示(附网).

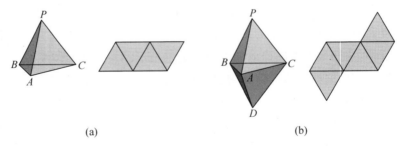

图 10.2.1

这两个多面体是表 10.1 中的两种情况 $(V_3, V_4, V_5) = (4, 0, 0)$ 和 $(2, 3, 0)$. 这两种情况是用三个面相交于顶点 P 构成一个三角形多面体的仅有的方法. 如果我们再增加一些三角形,我们将需要在闭合形成一个双重三棱锥之前在图 10.2.1(b)中的该立体图形的棱(例如棱 AD)处插入另一个三角形,如图 10.2.2(a)所示.

当我们插入一个新的等边三角形 ADE 时,结果 $BCED$ 是正方形,如图 10.2.2(b)所示,现在相邻的三角形 ABD 和 ACE 分别与三角形 PAB 和 PAC 在同一平面内. 注意到

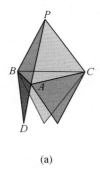 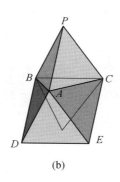 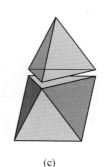

$$(a) \qquad\qquad (b) \qquad\qquad (c)$$

图 10.2.2

图 10.2.2(b)中的立体图形是正四面体和一个正四棱锥的并,如图 10.2.2(c)所示. 但是在例 1.7 中我们知道在这样的一个样式中,四面体的两条边在同一个平面内形成棱锥的两边,因此这个立体图形不能是三角形多面体,因为它的两边是菱形的边. 如果插入三角形 ADE,使 $BCED$ 不是正方形,那么 ABD 和 PAB 之间,或者 ACE 和 PAC 之间这两个二面角之一大于 π,该四面体不是凸的. 于是表 10.1 中的其余 10 种 $V_3 \geqslant 1$ 情况都不可能.

我们只有一种情况还可以考虑和排除,即 $(V_3, V_4, V_5) = (0, 1, 10)$. 我们考虑制作这一模型处理. 从度数是 4 的顶点开始画 4 个等边三角形面,如图 10.2.3(a)所示. 其余的所有顶点的度数必须是 5,所以再粘贴 8 个三角形,如图 10.2.4 所示. 现在我们共有 9 个顶点了,已经不可能用三角形的面恰好再做出两个顶点. 因为在图 10.2.3(b)中的立体图形的底棱的度数必须是 5,加上四个三角形面必使我们恰再有一个新的顶点,结果是一个 $(V_3, V_4, V_5) = (0, 2, 8)$ 的三角形多面体. 这个三角形多面体是一个名为陀螺伸长正方双棱锥(gyroelongated square bipyramid)的多面体,它是由两个正四棱锥的正方形面粘贴而成的一个正方形反棱锥(图 10.2.5 的第二行第三个三角形多面体). 它的网见图10.2.3(c).

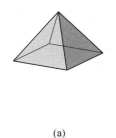 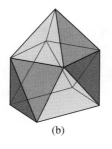 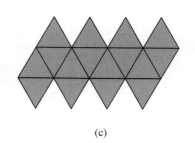

$$(a) \qquad\qquad (b) \qquad\qquad (c)$$

图 10.2.3

现在已经证明表 10.1 中的 19 种情况中的 11 种是不可能的;容易证明其余 8 种是可以制作的. 为便于制作我们提供其中 3 种的网(图 10.2.1 和 10.2.3). 丢勒展现了第四

种,即图 10.1.1 中的正二十面体的一个网.其余 4 种多面体的网出现在图10.2.4中.

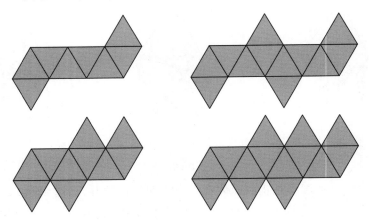

图 10.2.4

在表 10.2 中我们总结了关于 8 种凸三角形多面体最重要的事实.

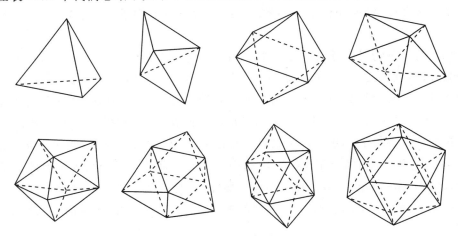

图 10.2.5

表 10.2 8 种凸三角形多面体

F	E	V	V_3	V_4	V_5	英文名
4	6	4	4	0	0	Tetrahedron
6	9	5	2	3	0	Triangular bipyramid
8	12	6	0	6	0	Octahedron
10	15	7	0	5	2	Pentagonal bipyramid
12	18	8	0	4	4	Snub disphenoid
14	21	9	0	3	6	Triaugmented triangular prism
16	24	10	0	2	8	Gyroelongated square bipyramid
20	30	12	0	0	12	Icosahedron

在图 10.2.5 中我们依次展现上述所有 8 种凸三角形多面体.

寻找各个面都是全等的等腰三角形的所有凸多面体的问题还是公开的.

10.3 折叠一个正五边形

如果将一条丝带或者一条宽度不变的纸带结成一个简单的手掌朝内的结,小心地将丝带的两边拉紧后摊平,这个结显然是一个五边形.(图 10.3.1)是不是一个正五边形呢?(对于真实世界的丝带很可能不是,但是利用数学上的厚度是零的丝带你就会有答案了.)

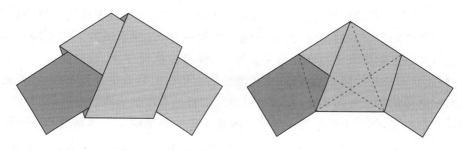

图 10.3.1

为了回答这一问题,我们首先考查在折叠丝带时会发生什么情况.在图 10.3.2(a)中我们看到对于折叠线处的每一条棱,入射角和反射角是相等的.此外,以粗线为边的三角形在每次折叠时都是等腰三角形.

现在折叠丝带在图 10.3.1 中五边形结背面(或正面)右侧一边,如图 10.3.2(b)所示.由于入射角和反射角相等,所以在最后一次折叠中丝带的一边将平行于底部的棱形成五边形的最后一条对角线(因为丝带的宽度不变,每一条对角线都平行于五边形的一边).现在我们在五边形的四边上有折叠;因此五边形的所有内角都相等.所有由五边形的两条对角线为等边的五个等腰三角形都全等,所以五边形的每边都相等,因此该五边形是正五边形.将纸条打结也可能做出六边形、七边形、八边形的模型(Cundy Rollett,

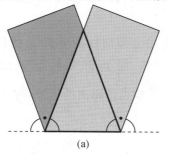

(a)

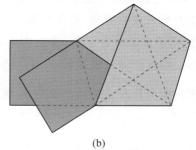

(b)

图 10.3.2

1961).

10.4 提洛岛问题:倍立方

古希腊几何三个经典的问题——化圆为方、三等分角和倍立方——只有最后一个是立体几何问题.这三个问题都不可能只用经典的作图工具,即不能只用没有刻度的直尺和圆规作图.但是,如果我们有一张可以折叠和展开的正方形的纸片,我们就能解决第三个问题.

倍立方问题是作一个体积是给定正方体的体积的两倍的正方体,也称为提洛岛问题.这一名字涉及下面的传说.大约在公元前430年众神将一场瘟疫带给了雅典民众.人们求助于提洛岛的阿波罗的神谕,想知道他们能做些什么,神谕回答人们说应该建造一个是原正方体祭坛两倍大小的祭坛给阿波罗,这样瘟疫就会停止.他们建造了一个新的祭坛,其棱长是旧祭坛的棱长的两倍(体积增加到八倍),但是瘟疫并没有停止.看来众神对市民们的简单的做法并不满意,众神希望市民们将正方体祭坛的体积加倍.

用现代的符号,作一个棱长为 s 的正方体的体积的两倍的正方体需要作一个棱长为 $\sqrt[3]{2}s$ 的正方体,也就是说,我们必须作一条长为 $\sqrt[3]{2}$ 的线段才能将单位正方体的体积加倍,如图 10.4.1.

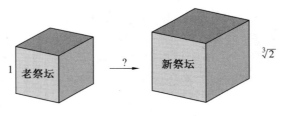

如图 10.4.1

用一张边长为 1 个单位的正方形纸片,我们折叠并展开这个正方形在一条棱上定一个点,这一点将这条棱分成的两条线段的比是 $\sqrt[3]{2}$(Messer,1986).这个过程分为两步;第一步将正方形折成三等分,做法如图 10.4.2 所示.

设 p_1 在正方形的右下角,将正方形竖直对折定出上面的棱的中点 p_2 的位置,如图 10.4.2(a).接着把这张纸如图 10.4.2(b)那样折一个角,将 p_1 折到 p_2 上.我们断言这张纸的下面的棱与在左边的棱的交点 p_3 位于上顶点到下顶点的距离的 $\frac{2}{3}$ 处.现在我们容易将这张纸三等分了.

为了证明 p_3 在正方形左棱的下方 $\frac{2}{3}$ 处,见图 10.4.2(d).图中灰色的小直角三角形

的边长是 $\frac{1}{2}$, y 和 $1-y$, 由毕达哥拉斯定理推出 $y=\frac{3}{8}$. 因为这两个直角三角形相似, 所以我们有

$$x : \frac{1}{2} = \frac{1}{2} : \frac{3}{8}$$

于是 $x=\frac{2}{3}$.

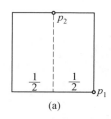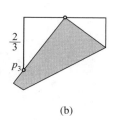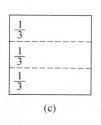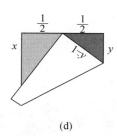

图 10.4.2

第二步, 我们按照图 10.4.3(a) 那样将正方形纸片折叠, 使点 p_3 位于离上顶点 $\frac{1}{3}$ 处的水平线上, p_4 位于正方形的右棱上, 得到图 10.4.3(b).

我们断言 p_4 将右棱分成 $a:b=\sqrt[3]{2}$. 为了验证这一点, 考虑图 10.4.3(c) 中的两个灰色的相似的直角三角形. 我们有

$$\left(a-\frac{1}{3}\right) : \frac{1}{3} = (1-z) : z$$

所以 $3az=1$, 或 $3a(2z)=2$. 但是在灰色的大的直角三角形中, $b^2+(1-z)^2=z^2$, 所以 $2z=b^2+1$. 于是 $3a(b^2+1)=2$, 利用 $a+b=1$ 这一事实得到 $a^3=2b^3$.

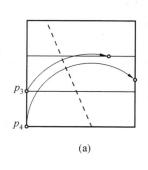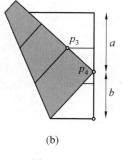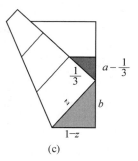

图 10.4.3

10.5　圆柱、圆锥和球的表面积

如果(非正式的)一个曲面能够剪开、展开和/或摊平变为一个平面或平面图形, 那么

这个曲面是可展开的.多面体、圆锥、圆柱都是可展开的曲面,但球不是.

可展开的曲面,不可展开的曲面和直纹面

所有可展开的三维曲面都是直纹面,即曲面上的每一点都在该曲面上的一条直线上的曲面.但是,存在不可展开的直纹面,例如,双曲抛物面、单叶双曲面.在图 10.5.1(a)中我们看到波兰华沙 Ochota 火车站的屋顶就是双曲抛物面的形状[皮奥塔・帕内克(Piotr Panek)摄],在图 10.5.1(b)中圣・路易斯 McDonnell 天象馆的屋顶就是单叶双曲面的形状.

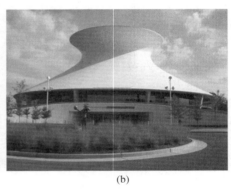

(a)   (b)

图 10.5.1

另一个直纹面的例子是巴塞罗那的 Sagrada 家族学校的波浪形屋顶(图 10.5.2),由卡泰罗尼亚的建筑师安东尼奥・高迪(Antonio Gaudi)设计.屋顶的设计使雨水向建筑物的两侧均匀流下.

图 10.5.2

在 7.5 节中我们看到人们在试图用内接多面体求直圆柱的侧面积时遇到的困难.但是这样做对求这样的圆柱的侧面积是没有必要的.因为圆柱是可展开的曲面,我们要做的一切就是沿着侧面上一条平行于轴的直线将圆柱面切开然后摊平成一个矩形,如图 10.5.3 所示.如果圆柱的底面半径是 r,高是 h,那么矩形的面积是 $2\pi rh$,得到著名的圆柱

的侧面积公式.

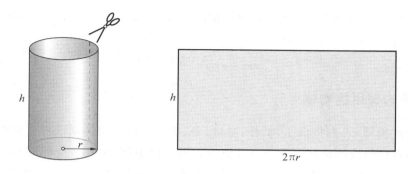

图 10.5.3

我们可以用同样的做法求直圆锥和直圆台的侧面积(圆台就是位于垂直于圆锥的轴的两个平行平面之间的圆锥的部分). 我们首先求圆台的侧面积, 因为整个圆锥是圆台的特殊情况, 这两个平面中有一个经过圆锥的顶点.

在图 10.5.4(a)中我们看到一个直圆台, 它的两个底面的半径是 r_1, 和 r_2, 斜高是 s. 设 h 表示两个底面之间的竖直距离, 那么 $s^2 = (r_2 - r_1)^2 + h^2$. 如果我们沿着圆台侧面上的一条直线切开圆台, 然后摊平, 其形状如图 10.5.4(b)所示, 即两个同心扇形之间的区域. 小扇形的半径为 x(现在还未知, 但我们将很快算出), 大扇形的半径为 $x+s$.

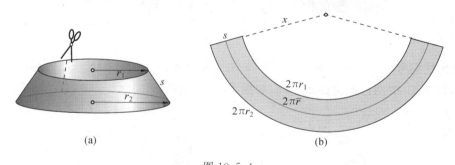

(a)　　　　　(b)

图 10.5.4

小扇形的面积是 $\dfrac{2\pi r_1}{2\pi x} \cdot \pi x^2 = \pi x r_1$, 类似地, 大扇形的面积是 $\pi(x+s)r_2$. 因此圆台的侧面积是

$$\pi[(x+s)r_2 - x r_1] = \pi[x(r_2 - r_1) + s r_2]$$

但是这两个扇形相似, 所以 $\dfrac{x}{r_1} = \dfrac{x+s}{r_2}$. 因此 $x(r_2 - r_1) = s r_1$, 所以圆台的侧面积是

$$\pi(s r_1 + s r_2) = \pi s(r_1 + r_2) = 2\pi \bar{r} s$$

这里 $\bar{r} = \dfrac{r_1 + r_2}{2}$ 是两个半径的平均数. 在这个意义上, 图 10.5.4(b)中的灰色区域看上去

像一个"弯曲的矩形",它的面积是"长"$2\pi \bar{r}$ 乘以"宽"s.

在底面半径为 r,高为 h 的整个圆锥的情况下,$r_1=0$,$r_2=r$,$s=\sqrt{r^2+s^2}$,所以圆锥的侧面积是

$$\pi r s = \pi r \sqrt{r^2+h^2}$$

可展开的有用的物体

为了便于携带,人们将椅子、纸杯、眼镜、伞、水杯等许多物体制成可折叠的形状. 一个可折叠的水杯的设计是使用了一个可缩短的形状的想法,由几个空的圆台组成,折叠后像一个窝. 在图 10.5.5 中我们看到美国内战期间海军外科医生的一只可折叠的水杯和储藏罐.

图 10.5.5

现在我们考虑半径为 r 的球,如图 10.5.6 左所示. 它的面积是 $4\pi r^2$,恰好与底面半径为 r,高为 $2r$ 的圆柱的侧面积相同,如图 10.5.6 右所示.

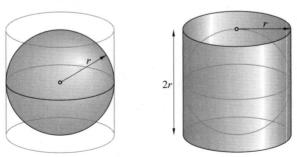

图 10.5.6

事实上,一个球带是一个球位于两个平行平面之间的部分,如图 10.5.7 所示(只显示了球的上半部分). 球带是在挑战题 5.6 中引入的弯曲的球面的一部分(见图 5.11.4). 球带的面积与同样高的圆柱带的面积相同,即 $2\pi rh$. 一旦我们说明了这一事实,整个球的面积 $4\pi r^2$ 是两个平行平面分别位于南北两极的特殊情况的结果,于是 $h=2r$.

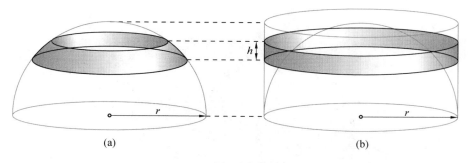

图 10.5.7

这一证明需要微积分知识,但是我们注意到球带和圆台之间的相似性,证明图 10.5.7中的两个区域几乎有相同的面积. 在图 10.5.8 中将虚线之间的圆弧绕半径 OA 旋转生成球带和长为 h 的竖直线段绕半径 OA 旋转生成的圆柱的侧面积都是 $2\pi rh$.

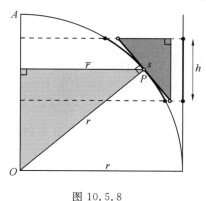

图 10.5.8

现在过 OA 上的两条虚线之间的中间位置画一条平行线段与圆弧相交于 P,该线段的长用 $\bar{r}$ 表示. 在两条虚线之间画一条与圆弧相切于 P 的线段,如图 10.5.8 所示. 将这条切线段绕 OA 旋转生成一个侧面积为 $2\pi\bar{r}s$ 的圆台,当 h 很小时,它接近于圆带. 如何比较这两个曲面的面积 $2\pi rh$ 和 $2\pi\bar{r}s$ 呢? 如果我们画半径 OP,并作两个相似的直角三角形(图中的阴影部分),我们有 $\dfrac{\bar{r}}{r}=\dfrac{h}{s}$,所以 $\bar{r}s=rh$ 或 $2\pi\bar{r}s=2\pi rh$,即近似于球带的圆台的侧面积等于圆柱区域的侧面积.

如何包一个球

莫扎特球(Mozartkugel)是奥地利的一种球形糖果,内部是伴有果仁糖奶油的杏仁蛋白糖芯,外壳是黑巧克力. 每一个莫扎特球都由一张铝箔纸包裹,如图 10.5.9[克列门斯·菲佛(Clemens Pfeiffer)摄].

这引起的一个问题是这张包球的铝箔纸是什么形状时浪费最小? 最近 E. D. 德曼

图 10.5.9

(E. D. Demaine)，M. L. 德曼（M. L. Demaine），J. 雅克诺（J. Iacono）和兰格曼（S. Langerman)研究了这一问题. 在文献(Demaine et al,2009)中报道了他们的发现. 这个数学问题是如何将平整的纸张转变为一个球呢？ 这是一个比只是折叠更复杂的问题. 包球的任务是需要无穷多个无限小的无拉伸的折叠. 他们的分析证明对于一个半径为 1 的球，一个对角线是 2π 的正方形，或者一个 $\pi \times 2\pi$ 的矩形就够了. 但是，存在面积较小的其他的形状也行. 这些研究人员推断说，"这张纸"在计算糖果的领域开创了一个新的研究方向.

10.6 螺 旋 线

圆形螺旋线（或绕线）是位于直圆柱侧面上的一种曲线,其性质是曲线的切线与圆柱的母线（圆柱侧面上平行于轴的直线）的夹角不变. 它的参数方程是

$$x = r\cos\theta$$
$$y = r\sin\theta$$
$$z = k\theta$$

这里 θ 是参数,且 θ 在 $[0,2T\pi]$ 内,r,k,T 是常数（r 是圆柱的底面半径,$2\pi k$ 是螺旋线各圈之间的竖直分割,T 是绕圆柱的圈数). 在图 10.6.1 中我们看到 $r=1,k=1,T=2$ 的螺旋线.

圆形螺旋线在平行于它的轴（圆柱的轴）的平面上的投影是正弦状的曲线. 在自然界中可以找到各种螺旋线（如 DNA 分子等),在许多人造的物体中也可找到（如螺丝等).

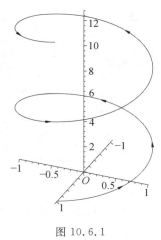

图 10.6.1

螺旋状坡道

　　螺旋面是有一条螺旋线为边界的曲面. 螺旋状坡道早就在建筑中用来支撑台阶, 方便的停车通道, 或者甚至创建楼层之间的流通空间. 美国建筑师弗兰克·劳埃德·赖特 (Frank Lloyd Wright) 设计了纽约所罗门·R. 古根海姆 (Solomon R. Guggenheim) 博物馆的从底层到天窗贯穿六个楼层的螺旋状斜坡长廊. 照片 (图 10.6.2) 由 Tony Hisleft (外部) 和 Enrique Cornejo (内部) 拍摄.

图 10.6.2

　　螺旋线的一个基本性质如下: 圆柱面上的两点之间的最短路径或者是直线或者是一条螺旋线的一个分数圈. 如果两点位于圆柱的同一条母线上, 那么联结这两点的线段是最短的距离. 否则我们沿着一条不经过这两点的一条母线将圆柱切开, 然后摊平, 如图 10.6.3. 矩形中的两点之间的最短路径是圆柱的某条螺旋线的一部分. 一个奇怪的事实是如果有人将圆柱沿着螺旋线 (不是沿圆柱的母线) 切开摊平, 那么生成的平面图形是一个平行四边形.

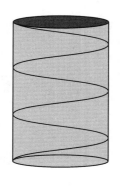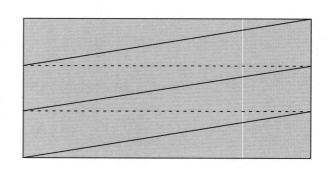

图 10.6.3

图 10.6.3 也帮助我们求出圆形螺旋线的长. 螺旋线绕圆柱一周的长是两条直角边分别是 $2\pi r$ 和 $2\pi k$ 的直角三角形的斜边的长, 即 $2\pi\sqrt{r^2+k^2}$, 于是对于给定 r,k 和 T 的值, 总长是 $2\pi T\sqrt{r^2+k^2}$.

阿基米德螺丝

阿基米德螺丝或螺丝泵是一种抽水装置. 例如, 将一池水向上抽到一条灌溉沟里, 或者从船舱抽水. 传统上, 历史学家将螺丝泵的发明归功于阿基米德(约前 287—前 212), 但是有些历史学家相信这是在此前几个世纪就已经发明了.

通常使用圆柱内两个约倾斜 45° 的同样的空心螺丝, 如图 10.6.4 所示. 另一些设计是用一条绕中心轴的有缺口的螺旋状的管子. 当螺丝旋转时水就从底部上升到顶部. 人们今天还在使用.

图 10.6.4

10.7 双圆柱和三圆柱的表面积

例 1.5 和挑战题 5.5 中我们遇到过双圆柱, 它由两个具有相同的半径 r 的直圆柱垂直相交而成, 6.3 节的三圆柱是类似的立体图形, 它由具有相同的半径 r, 轴互相垂直的三个直圆柱相交而成.图 10.7.1(a)是双圆柱,图 10.7.1(b)是三圆柱.

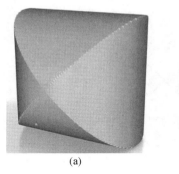 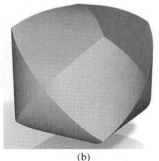

(a) (b)

图 10.7.1

正如图 10.7.1 所示,这两个立体图形的表面都是由几个面组成,每一个面都是由圆柱截得.为了计算表面积,我们只须计算圆柱上这个区域的面积.

我们从双圆柱开始.在图 10.7.2(a)中,我们看到一个竖直的圆柱,它的侧面上标着的曲线是第二个水平方向的圆柱与它相交而形成,图 10.7.2(b)的相交的曲线是我们沿虚线切开圆柱再摊平后看上去的样子.

 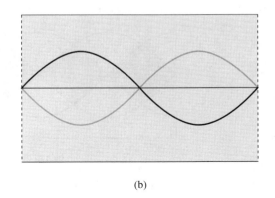

(a) (b)

图 10.7.2

相交的曲线看上去像椭圆,这些曲线摊平后看上去像正弦曲线,可是这样的说法对吗？为了回答这个问题,我们引进 $Oxyz$ 坐标系,所以图 10.7.2 中的圆柱的方程是 $x^2 + y^2 = r^2$,第二个圆柱的方程是 $x^2 + z^2 = r^2$.这两个圆柱的交点位于 $z^2 - y^2 = 0$ 的图像上,即两个平面 $z = \pm y$.但是在 5.5 节中我们看到一个平面与圆柱的交是椭圆,所以图 10.7.2(a)中的交线是椭圆(短轴的长是 $2r$,长轴的长是 $2\sqrt{2}\,r$).

考查圆柱被摊平后的圆柱上的曲线,我们首先给出椭圆的一个参数表达式:$(r\cos\theta, r\sin\theta, \pm r\sin\theta)$,$\theta$ 在 $[0, 2\pi]$ 内.摊平后的圆柱等价于观察在一个 Otz 平面内的曲线,这里 $t = r\theta$,t 在 $[0, 2\pi r]$ 内,如图 10.7.2(b)所示.曲线是 $z = \pm r\sin\dfrac{t}{r}$,所以它们的确是正弦

波. 于是双圆柱的表面由这两个圆柱的每一个上的图 10.7.3 中的阴影区域组成.

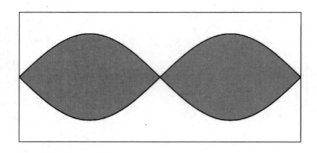

图 10.7.3

于是双圆柱的表面积 A_{bi}（用微积分）是

$$A_{\mathrm{bi}} = 2 \cdot 4 \int_0^{\pi r} r \sin \frac{t}{r} \mathrm{d}t = 16r^2$$

当第三个圆柱与前两个圆柱相交时形成一个三圆柱, 在原来摊平后的圆柱上生成的曲线是正弦波. 于是三圆柱的表面是这三个圆柱的每一个上的图 10.7.4 中的阴影区域组成.

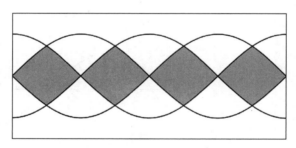

图 10.7.4

于是三圆柱的表面积 A_{tri} 是

$$A_{\mathrm{tri}} = 3 \cdot 16 \int_0^{\frac{\pi r}{4}} r \sin \frac{t}{r} \mathrm{d}t = 24(2 - \sqrt{2})r^2$$

在挑战题 5.5 和 6.3 节中我们求出了双圆柱和三圆柱体积 V_{bi} 和 V_{tri}, 即

$$V_{\mathrm{bi}} = \frac{16}{3}r^3 \ \text{和} \ V_{\mathrm{tri}} = 8(2 - \sqrt{2})r^3$$

有趣的是在 $A_{\mathrm{bi}}, A_{\mathrm{tri}}, V_{\mathrm{bi}}$ 和 V_{tri} 这四个数中没有一个与 π 有关.

10.8 折叠奇特的多面体

在本节中我们采用折叠网的方法生成四种很不常见的多面体.

默比乌斯(Möbius)多面体　你可能熟悉一种称为默比乌斯带的奇怪的东西,这是以德国数学家和天文学家默比乌斯的名字命名的,这个奇怪的东西是他在 1858 年发现的.同年,德国数学家利斯廷(Listing)也独立发现了.默比乌斯带只有一个面和一条棱.默比乌斯带的模型可以用一张纸条和一片胶带制作.只要将纸条扭转半圈,再用胶带粘贴两端即可.看上去就像图 10.8.1(a)中那样的东西.

　　默比乌斯带也能用三角形制作,用图 10.8.1(b)所示的网形成一个多面体(Tuckerman,1948).我们推荐你制作一个大的网,注意白色的三角形是等边三角形,灰色的三角形是等腰直角三角形.在虚线处折叠成凹陷的,在灰色的线处折叠成凸起的,再将同样的符号处的棱粘贴在一起.当你正确折叠时,你会看到一个像丢失两个面的八面体的东西.你会发现纸条的棱是一个三角形,这个多面体只有一条边,所以没有内部和外部!

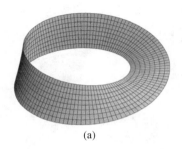
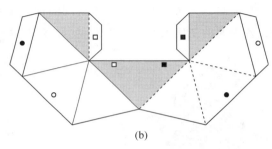

(a)　　　　　　　　　　　　　　　　(b)

图 10.8.1

默比乌斯　　　　　　　　　　　　　　利斯廷

默比乌斯带和回收物品的符号

　　通常认为识别回收物品的符号是由南加州大学的毕业生加里·安德森(Gary Anderson)在 1970 年设计的.它由三个箭头组成,两个箭头往上弯,一个箭头往下弯,合在一起形成一条半扭的默比乌斯带,如图 10.8.2 左所示.

　　但是,人们常常看到图 10.8.2 右边这个符号,它并不是默比乌斯带,其中有三个是

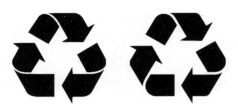

图 10.8.2

半扭,不是一个. 而在两个符号中上面的和右下角的箭头是相同的,左下角的箭头不同. 在这个不正确的符号中同样的箭头就重复了三次.

西洛希七面体　1977年匈牙利数学家洛约什·西洛希(Jajos Szilassi)在使用一个计算机程序时发现了图10.8.3(a)中的这个著名的多面体. 它的7个面中的每一个都是六边形,3对分别全等,1个不能配对的六边形. 它和四面体是具有以下性质的仅有的多面体:每一个面与另外每个面都有一条共同的棱. 图10.8.3(b)给出了构成这种多面体的一个模板. 各个面的精确大小可参阅文献(Kapraff,1991).

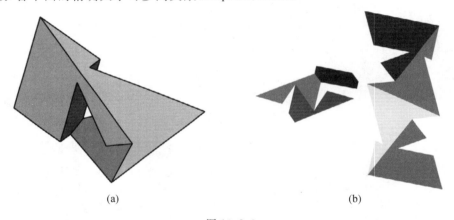

(a)　　　　　　　　　　(b)

图 10.8.3

这个多面体与我们见过的大多数多面体不像,它有一个孔. 对每个面涂上颜色,使具有公共棱的两个面有不同的颜色需要7种颜色. 这又产生四色定理的另一个版本:一个有孔的多面体可能需要7种颜色涂面,使相邻两个面有不同的颜色.

Császár 多面体　Császár 多面体有7个顶点和14个三角形的面,每一对顶点由一条棱相连,所以这个多面体像正四面体,但没有内部的对角线. 像西洛希多面体那样,它有一个孔. 它是匈牙利拓扑学家 Ákos Császár 在1949年发现的. 图10.8.4(a)是该多面体,图10.8.4(b)是构成该多面体的一个模板.

斯蒂芬活动多面体　到目前为止我们见过的多面体都是刚性的. 所有的凸多面体都是刚性的. 但是,活动多面体是存在的,最简单的一个是由克劳斯·斯蒂芬(Klaus Steffen)发现的,它有14个三角形的面,21条棱和9个顶点. 图10.8.5(a)显示出每一条

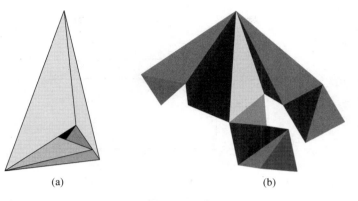

图 10.8.4

标出棱相对长度的网（网是左右对称的），其中虚线的棱相应于凹的折叠，灰色的棱是凸的折叠，图 10.8.5(b)指出如何将棱配对. 就像所有活动的多面体的情况那样，当多面体活动时，它的体积保持不变(Connelly et al,1997；Cromwell et al,1997).

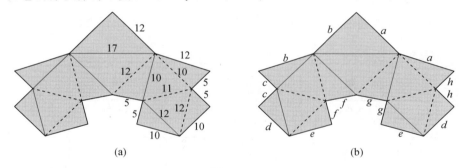

图 10.8.5

因为图 10.8.5 中的网不是按照比例画的，希望制作一个斯蒂芬活动多面体的读者可以寻找一个按照比例画的网，可见文献(Cromwell,1997).

10.9　蜘蛛和苍蝇

亨利·杜德尼是英国数学家和作家，他创作了大量的数学谜题和游戏. 他最著名的著作之一是《坎特伯雷谜题和另一些数学游戏》，其中的问题 75"蜘蛛和苍蝇"(Dudeney，1919)：

在长是 30 ft，宽和高都是 12 ft 的长方体的房间里，一只蜘蛛在侧墙中间处的一点 A 上，离天花板 1 ft；一只苍蝇在对面的墙上，离地板中间 1 ft 的 B 处，如图 10.9.1 所示. 蜘蛛为了到达苍蝇处，必须爬的最短路径是怎样的？苍蝇保持不动.当然蜘蛛不会掉下,也不用蛛网,只是努力地爬.

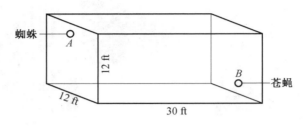

图 10.9.1

为了解决这一问题,我们考虑几种方法将房间当作硬纸板展开,如图 10.9.2 所示.

现在这是一个简单的方法,必要时用毕达哥拉斯定理计算 A 和 B 之间的距离.在图 10.9.2(a)中这个距离是 42 ft,在图 10.9.2(b)中这个距离是 $\sqrt{42^2+10^2}\approx43.17$ ft,在图 10.9.2(c) 中这个距离是 $\sqrt{37^2+17^2}\approx40.72$ ft,在图 10.9.2(d) 中这个距离是 $\sqrt{32^2+24^2}=40$ ft.有趣的是最短路径如图 10.9.2(d)所示,蜘蛛要爬过房间的 6 堵墙中的 5 堵.

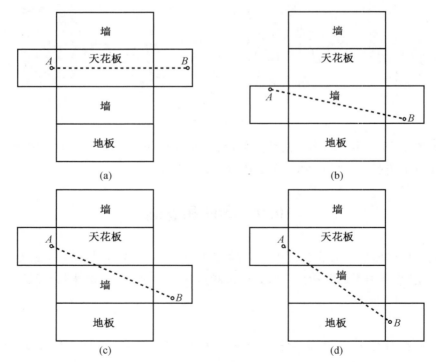

图 10.9.2

10.10 四面体的顶角

给定三个角 a,b,c，$0 \leqslant c \leqslant b \leqslant a \leqslant \pi$，为了使这三个角成为四面体 $OABC$ 的顶点 O 处的角，如图 10.10.1 所示，a,b,c 之间必须成立的不等式是怎么样的呢？我们用两种不同的方法展开四面体来回答这一问题.

首先沿同一顶点 A 出发的 3 条棱剪开，再将四面体展开得到图 10.10.1(b)中的网，并在所示的面上标明角. 因为网可以重新折叠成四面体，所以我们必有 $a < b + c$. 类似地，对于其他顶点同样的关系式成立，也就是说，任意一个角小于同一顶点的另外两个角的和.

现在沿同一顶点 O 出发的 3 条棱剪开，再将四面体展开得到图 10.10.1(c)中的网. 因为

$$\alpha < b'' + c'$$
$$\beta < a' + c''$$
$$\gamma < a'' + b'$$

我们有

$$a + b + c = \pi - a' - a'' + \pi - b' - b'' + \pi - c' - c''$$
$$< 3\pi - \alpha - \beta - \gamma$$
$$= 2\pi$$

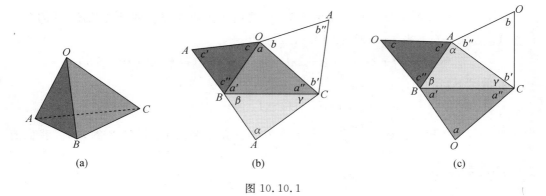

图 10.10.1

于是我们有 $0 < c \leqslant b \leqslant a < \pi$，$a < b + c$ 和 $a + b + c < 2\pi$ 是必要条件，利用这些网，这个条件也是充分的.

10.11 对半折纸十二次

不管一张纸如何大,如何薄,你不可能将一张纸对半折叠超过七次,这是公认的民间智慧.一张标准的打印纸的大小是 8.5 in×11 in,厚大约是 0.04 in.如果我们对半折叠七次,那么结果是面积小于 1 in² 的 $\frac{3}{4}$,厚度是约半英寸的一叠纸.再将这一叠纸折叠已经不可能了.

2002 年,布兰妮·加利文(Britney Gallivan,当时是加利福尼亚的一位高中生)挑战(为在数学课上得到额外的赞扬)对半折叠一张纸十二次.布兰妮十分机敏,她不是调换方向对折,而是按照同一方向将一张矩形纸折得十分狭长像丝巾或一卷化妆纸.布兰妮首先计算她需要多少长的纸条(Gallivan,2002).她考虑到因为折叠而损失纸的一些长度,也就是说,在折叠时要耗费纸张的半圆部分(粗线),如图 10.11.1 所示.

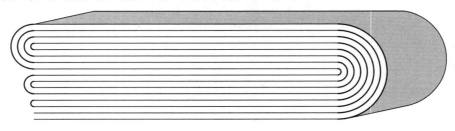

图 10.11.1

设 t 是纸的厚度,n 是纸被折叠的次数,L_n 是由于折叠而损失的纸的长度.纸的总长 L 必须满足 $L > L_{12}$.当 $n=4$ 时,图 10.11.1 表明

$$L_4 = \pi t + (\pi t + 2\pi t) + (\pi t + 2\pi t + 3\pi t + 4\pi t) + (\pi t + 2\pi t + \cdots + 8\pi t)$$

在一般情况下,我们有

$$L_n = \pi t (T_1 + T_2 + T_4 + \cdots + T_{2^{n-1}})$$

这里 $T_k = 1 + 2 + \cdots + k = \frac{k(k+1)}{2}$ 表示第 k 个三角形数.当下标是 2 的幂时,我们有 $T_{2^k} = \frac{4^k + 2^k}{2}$,所以

$$L_n = \frac{\pi t}{2} \left[(1 + 4 + 4^2 + \cdots + 4^{n-1}) + (1 + 2 + 2^2 + \cdots + 2^{n-1}) \right]$$

$$= \frac{\pi t}{2} \left(\frac{4^n - 1}{3} + 2^n - 1 \right)$$

$$= \frac{\pi t}{6} (2^n + 4)(2^n - 1)$$

单层卫生纸约 2 密尔(1 密尔为千分之一英寸)厚,得到 $L_{12} \approx 1\,456$ ft.如果我们想要

有在折叠之间(图 10.11.1 中的图片中的水平部分)的 2^{12} 层中每一层,例如有 6 in 纸,那么需要增加约 3 513 ft. 布兰尼用一卷 4 000 ft(超过 $\frac{1}{4}$ mi)长的纸折叠 12 次. 正如图 10.11.2 中我们见到布兰妮和折叠 12 次之前的纸. 正如她在文献(Gallivan,2002)中所写的那样,"当我折叠了 12 次的时候,世界是一个伟大的地方".

图 10.11.2

折纸遇见航天工程学

任何一个努力按照最初折叠的方法重新折叠一张公路地图的人都会欣赏这句老话:"重新折叠一张地图的最简单的方法是不同的."但是,多亏日本天体物理学家三浦公亮,这句话不再成立了. 他在 1970 年设计的三浦折纸法是古代折纸艺术技巧的一个应用. 如果你手头有一张折叠的地图,它的两个相对的角用图 10.11.3 中的两个黑点表示,展开地图时将两端拉开,重新折叠时将两端收拢.

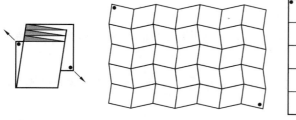 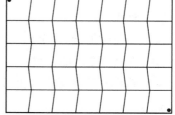

图 10.11.3

地图的折叠/展开这一性质的关键在于以下事实,水平方向沿着直线折,但是竖直方向却不是,得到图中所见的平行四边形的样式. 三浦折纸法用于 1995 年日本卫星 N2 的太阳能板上,这是因为很少有汽车(因此减轻重量)需要展开太阳能板,再重新折叠收回. 三浦折纸法的详细制作方法见文献(Miura,1994)或(Nishiyama,2002).

10.12 挑 战 题

10.1 证明:用 $(V_1, V_2, V_3) = (2, 2, 2)$ 的等边三角形面能制作一个多面体.这证明了只用数字论证不足以排除表 10.1 中的所有潜在的三角形多面体,而几何论证可以排除.(提示:该多面体是非凸的.)

10.2 证明:存在能用不只一种方法折叠成不同的多面体的多面体网.

10.3 求各个面都是全等的正方形的一切凸多面体.(提示:与 10.2 节中的论断类似的解法.)

10.4 在图 10.12.1 中我们看到两种可能的正方体网.试将其余九种全部求出.

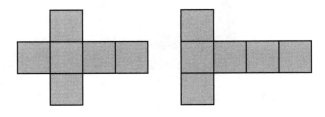

图 10.12.1

10.5 证明:将一张 1×3 的矩形纸片剪成两张相同的纸片,再将这两张纸片折叠,无重叠地拼接成一个正方体是可能的.(提示:因为纸片的面积是 3,棱长为 s 的正方体的表面积是 $6s^2$,正方体的棱长必是 $s = \dfrac{\sqrt{2}}{2}$.)

10.6 证明:当且仅当一个四面体的每一个顶点处的面角的和都等于 π 时,该四面体是等腰四面体.

10.7 一般认为,热带是地球上位于北回归线(约为北纬 $23.4378°$)和南回归线(约为南纬 $23.437\,8°$)之间的区域.

地球的平的地图是可能被扭曲的.假定地球是一个球,那么地球表面实际上有百分之几位于热带?

10.8 在图 10.12.2 中我们看到正弦函数的一个周期和椭圆 $2x^2 + y^2 = 2$ 的图像.哪一个的图像较长?

10.9 一间形状如长方体盒子的房间的长是 18 ft,宽是 14 ft,高是 10 ft.一只蚂蚁沿着最短的路径从房间的一角爬到相对的角,也就是说,从地板的西南角爬到天花板的东北角.蚂蚁爬的最短路径是多少?

10.10 假定有一只蚂蚁栖居在一个单位正方体上,但不在一个面的中心,它希望访问正方体的每一个面,回到原来的位置,确保没有蜘蛛也在正方体上,这样的最短路径的

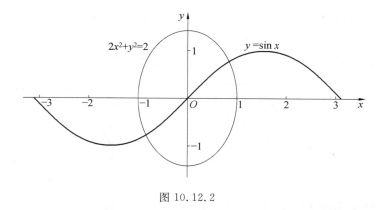

图 10.12.2

长是多少?

10.11　一只蚂蚁在 $1 \times 1 \times 2$ 的长方体盒子的一个角 A 上,如图 10.12.3.它沿着最短的路径爬到点 B. B 在标出的什么位置时使路径尽可能长?(提示:标有 X 的顶点并不是直觉的答案!)

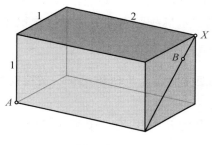

图 10.12.3

10.12　假定我们位于圆锥的一点上(不是顶点),想要绕圆锥一周,如图 10.12.4 所示.假定圆锥的高 h 和底面半径 r 满足 $h > \sqrt{3} r > 0$.什么样的路径的长度最小?

图 10.12.4

10.13　对于一个一般的三角形,海伦公式用三角形的三边的长表示三角形的面积.对于一般的四面体,是否存用它的六条棱的长表示该四面体的体积的类似公式?(提示:

考虑两个四面体,每个的三条棱长是1,三条棱长是$\sqrt{2}$,其网如图10.12.5所示.)

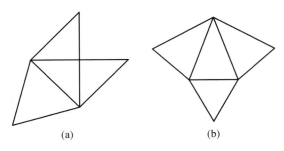

(a)   (b)

图 10.12.5

  10.14 四面体的体积是否可由它的各个面的面积确定?

  10.15 证明:对于任何正整数n,用n个全等的多边形不重叠地覆盖正方体的表面是可能的.

  10.16 一个棱长为1的正八面体具有这样的性质:任何两个顶点之间的距离是1或$\sqrt{2}$.是否存在有六个顶点的任何其他多面体也具有这一性质?

  10.17 设V和S分别表示挑战题5.7的球冠的体积和球冠的曲面的面积.证明:$\dfrac{S^3}{V^2} \geq 18\pi$.等式何时成立?

  10.18 对每一个柏拉图体的面涂色使相交于一条棱的两个面有不同的颜色,至少需要多少种颜色?

  10.19 设T是给定半径为R的球,有一个经过T的中心,半径为变量r的球,如图10.12.6所示.如果$r < \dfrac{R}{2}$,那么S在T的内部,所以假定$r \geq \dfrac{R}{2}$,在这种情况下,S的一部分在T的内部.证明:S在T的内部的表面积与半径r无关(Micielski,1998).

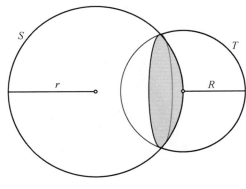

图 10.12.6

挑战题的解答

许多挑战题有多种解答.这里每个挑战题我们只给出一种解答,我们鼓励读者研究其他的解答.

第 1 章

1.1　(a)在正四面体中,4 是面数和顶点数.

(b)6 是正八面体的顶点数,也是正四面体棱数.

(c)6 是正方体的面数也是正八面体的顶点数.8 是正方体的顶点数也是正八面体的面数,12 是正方体和正八面体的棱数.

1.2　正四面体:等边三角形,正方形.

正八面体:正方形,正六边形.

正十二面体:等边三角形,正方形,正五边形,正六边形和正十边形.

正二十面体:正五边形,正十二边形(垂直于联结相对的顶点的直线的平面)、正九边形和正十二边形(平行于一个面的平面).

当平面包含多面体的一个面时,正八面体和正二十面体也有等边三角形截面.

1.3　有一类五面体是棱锥,它的底是凸四边形,还有一类是是以三角形为底面的棱柱.(解答图 1.1)

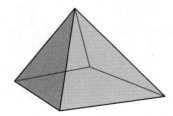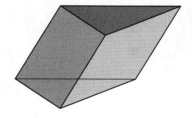

解答图 1.1

1.4　存在.一共有七种铺块.三个正方体的并是一个 8－铺块,图 1.2.4 的第 1 行的另外三块都是 64－铺块,第 2 行的三块都是 8－铺块.对于三个正方体的并,用图 1.3.2 中的样式对两层中的每一层中的四个拷贝排列.对于图 1.2.4 中的第 1 行中的"T"形和"L"形的四个正方体的多立方体,将四个拷贝排列成一个 $4 \times 4 \times 1$ 的砖块,如解答图 1.2(a)所示,于是这种砖块的四个拷贝形成一个 $4 \times 4 \times 4$ 的正方体,四个这样的正方体形成这个铺块的一个大的版本.

对于图 1.2.4 的第 1 行中的"Z"形的多立方体,将八个拷贝排列成一个 $4\times4\times2$ 的砖块,如解答图 1.2(b)所示,然后这样的砖块的两个拷贝形成一个 $4\times4\times4$ 的正方体,四个这样的正方体形成这个铺块的大的版本.对于图 1.2.4 的第 2 行中的每一个多立方体,两个多立方体拷贝形成一个 $2\times2\times2$ 的正方体,四个这样的正方体形成铺块的大的版本.

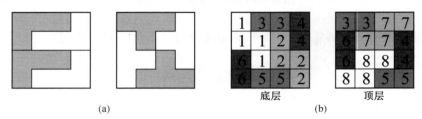

(a)   底层   顶层
                                        (b)

解答图 1.2

1.5 在图 1.3.3 中左边的盒子中每个球的半径是 $\frac{a}{2m}$,m^3 个球的总体积是 $m^3 \cdot \frac{4}{3}\pi \cdot (\frac{a}{2m})^3 = \frac{\pi a^3}{6}$,它与 m 无关.因此两个盒子中所有的球的总体积相同.

1.6 答案是否定的.设这样一个多面体的一个面的棱数的最大值是 n.于是其他面的棱数是集合 $\{3,4,\cdots,n-1\}$ 中的元素.这个集合只有 $n-3$ 个数,然而至少存在另外 n 个面都与这个有 n 条棱的面相交.所以每一个多面体必须至少有两个面的棱数相同.

1.7 答案是所有的六个面.如解答图 1.3(a)所示,这个人可以在大正方体的内部,从一个角上看这六个面(墙、地板、天花板);或者如解答图 1.3(b)所示,这个人可以看镜子面前的一个正方体;或者如解答图 1.3(c)所示,这个正方体有透明的面,等等.

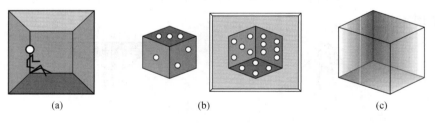

(a)   (b)   (c)

解答图 1.3

1.8 不是.见解答图 1.4,图中的顶点是一个正方体的八个顶点中的七个.

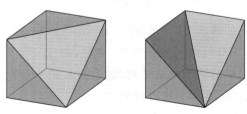

解答图 1.4

1.9　见解答图 1.5.

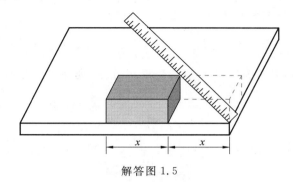

解答图 1.5

1.10　假定没有这样的直径,那么球的每一条直径有两个端点没有被涂色,或者一个端点被涂色,另一个端点没有被涂色.如果我们将球关于它的中心反射,那么每一个被涂色的点的像必是一个没有被涂色的点.于是被涂色的点的集合 P 的像 N 是没有被涂色的点的集合 U 的子集.因此 N 和 P 是球的相等面积的不连通的子集.但这是不可能的,因为 P 的(和 N 的,所以也是 U 的)面积大于球的面积的一半.

1.11　在另一个面上画第三条对角线,如解答图 1.6 所示.因为由三条对角线形成的三角形是等边三角形,所以这两条对角线之间的夹角是 $60°$.

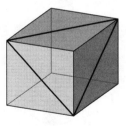

解答图 1.6

第 2 章

2.1　见解答图 2.1(a).

2.2　计算解答图 2.1(b)中的小杏仁蛋糕的个数.

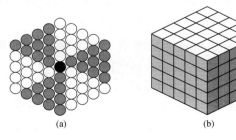

(a)　　　　(b)

解答图 2.1

2.3 每一个平方数(1除外)都是连续两个三角形数的和,所以前 n 个奇数的平方和与前 $2n-1$ 个三角形数的和相等.于是式(2.3)得到

$$1^2+3^2+\cdots+(2n-1)^2=T_1+T_2+T_3+\cdots+T_{2n-1}=\frac{n(2n-1)(2n+1)}{3}$$

2.4 利用提示得到解答图2.2中的一堆正方体.现在计算竖直层面的单位正方体的个数.

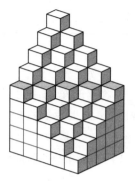

解答图2.2

2.5 见解答图2.3.

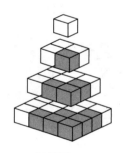

解答图2.3

2.6 图2.6.2(a)中正方体的个数是 $6(1^2)=1\times2\times3$;图2.6.2(b)中正方体的个数是 $6(1^2+2^2)=2\times3\times5$;图2.6.2(c)中正方体的个数是 $6(1^2+2^2+3^2)=3\times4\times7$.每一步中我们用六个 $1\times(k+1)\times(k+1)$ 长方体盒子"包"一个 $k\times(k+1)\times(2k+1)$ 的长方体盒子.在 n 步后我们有 $6(1^2+2^2+3^2+\cdots+n^2)=n\times(n+1)\times(2n+1)$ 个长方体盒子,由此推出式(2.1)(Kalajdzievski,2000).

2.7 数列 $\{4q_n\}_{n=1}^{\infty}$ 的奇数项是奇数的平方减1,偶数项是偶数的平方,所以数列 $\{q_n\}_{n=1}^{\infty}$ 是平方数除以4以后四舍五入的数列("四分之一平方数").见说明平方数和矩形数的解答图2.4.

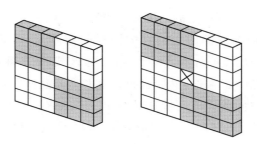

解答图 2.4

2.8 见解答图 2.5.

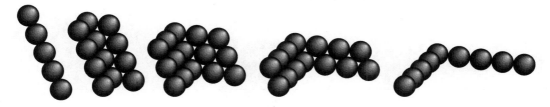

解答图 2.5

2.9 第 n 个正八面体数是第 $n-1$ 个四棱锥数和第 n 个四棱锥数的和,由此它等于

$$\frac{(n-1)n(2n-1)}{6}+\frac{n(n+1)(2n+1)}{6}=\frac{n(2n^2+1)}{3}$$

2.10 例如,我们考虑正方体的东北角的上方的位置对正方体计数.于是存在 n^3 个 $1\times1\times1$ 的正方体,$(n-1)^3$ 个 $2\times2\times2$ 的正方体,$(n-2)^3$ 个 $3\times3\times3$ 的正方体,等等,直到 1 个 $n\times n\times n$ 的正方体.因此由式(2.4),正方体的总个数是第 n 个三角形数的平方.

2.11 我们实施如 2.5 节中那样的过程,首先寻找由平面内的 n 个圆确定的二维区域的最大的数 $C(n)$. 当每一对圆相交于两点,没有三圆共点时,我们得到一个最大值. 显然,$C(0)=1,C(1)=2,C(2)=4$. 假定 $k-1$ 个圆将平面分成 $C(k-1)$ 个二维区域. 第 k 个圆与前 $k-1$ 个圆中的每一个圆相交于两点,这 $2(k-1)$ 个点将第 k 个圆分成 $2(k-1)$ 条弧. 每一条弧将由前 $k-1$ 个圆形成的二维区域一分为二,所以 $C(k)=C(k-1)+2(k-1)$. 取 $k=1$ 一直取到 $k=n$,然后相加得到

$$C(n)-C(n-1)=2(n-1)$$
$$C(n-1)-C(n-2)=2(n-2)$$
$$C(n-2)-C(n-3)=2(n-3)$$
$$\vdots$$
$$C(2)-C(1)=2\cdot1$$
$$C(1)-C(0)=1$$

$$\overline{}$$

$$C(n)-1=1+2T_{n-1}$$

这里 T_k 表示第 k 个三角形数,于是 $C(n)=2+2T_{n-1}=n^2-n+2$.

现在我们求由空间 n 个球确定的三维区域的最大个数 $S(n)$. 当每一对球相交成一个圆, 球上的这些圆像上面描述的圆所具有的同样的性质. 显然 $S(0)=1, S(1)=2$ 和 $S(3)=4$. 假定 $k-1$ 个球将空间分成 $S(k-1)$ 个三维区域. 于是第 k 个球的球面被分成 $C(k-1)$ 个二维区域(球上的圆与平面内的圆的论述相同), 这些二维区域中的每一个都将由前 $k-1$ 个球分成的空间的三维区域分成两个. 于是 $S(k)=S(k-1)+C(k-1)$, 或 $S(k)-S(k-1)=2+2T_{k-2}$. 取 $k=1$ 一直取到 $k=n$, 然后相加得到

$$S(n)-S(n-1)=2+2T_{n-2}$$
$$S(n-1)-S(n-2)=2+2T_{n-3}$$
$$S(n-2)-S(n-3)=2+2T_{n-4}$$
$$\vdots$$
$$S(3)-S(2)=2+2T_1$$
$$S(2)-S(1)=2$$

$$S(n)-2=2(n-1)+2\,\frac{(n-2)(n-1)n}{6}$$

这里我们将式(2.3)用于求前 $n-2$ 个三角形数的和. 于是

$$S(n)=2n+\frac{(n-2)(n-1)n}{3}=\frac{n(n^2-3n+8)}{3}$$

2.12　在图 2.4.3 中的一堆四面体形的加农炮球中, 我们可以求出一层中六个加农炮球与一个给定的加农炮球相切, 加上上下各一层中的三个加农炮球, 如解答图 2.6 所示.

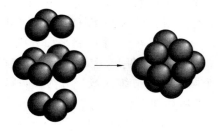

解答图 2.6

2.13　这一定理:4 乘以第 n 个四棱锥数是第 $2n$ 个四面体数, 一个证明是

$$4\,\frac{n(n+1)(n+2)}{6}=\frac{2n(2n+1)(2n+2)}{6}$$

你可以重新堆放四面体加农炮球变为四堆四棱锥堆来说明这一结果, 这里标出的第八个四面体数 120, 即

$$120=(1+3)+(6+10)+(15+21)+(28+36)$$
$$=4+16+36+64=4(1+4+9+16)$$

第 3 章

3.1 这一结果直接从式(3.12)和 AM-GM 不等式(3.5)推出,二者都用于 d_{xy}^2, d_{yz}^2,和 d_{xz}^2 这三个数.

3.2 这是可能的.如果行李是高为 h in,底面半径为 r in 的直圆柱状,那么体积 $V = \pi r^2 h$ in³,且长+腰围是 $S = h + 2\pi r$ in,所以

$$\sqrt[3]{\pi V} = \sqrt[3]{\pi r \cdot \pi r \cdot h} \leqslant \frac{2\pi r + h}{3} = \frac{S}{3} = 36$$

因此可接受的最大的圆柱状行李的体积是 $V = \frac{36^3}{\pi} \approx 14\,851$ in³.

3.3 竖层的一个集合中的正方体的个数从 n^2 开始,到 $n(n+1)$ 结束,竖层的另一个集合从 $n(n+1)+1$ 开始,到 $(n+1)^2 - 1$ 结束.

3.4 在式(3.8)中设 $(a, b, c) = (x^2, y^2, z^{23})$.

3.5 在图 3.6.2 中的长方体中设长$=x$,宽$=y$,高$=z$.那么绳子的总长度 $S = 2x + 4y + 6z = 12$.如果 V 表示体积,那么 $48V = 48xyz = 2x \cdot 4y \cdot 6z$.由式(3.4)我们有

$$\sqrt[3]{48V} = \sqrt[3]{2x \cdot 4y \cdot 6z} \leqslant \frac{2x + 4y + 6z}{3} = \frac{S}{3} = 4$$

所以当 $x = 2y = 3z$ 时,最大体积是 $V = \frac{4}{3}$ ft³.因此 $3z \cdot \frac{3z}{2} \cdot z = \frac{4}{3}$,$z = \frac{2}{3}$ ft,$y = 1$ ft,$x = 2$ ft.

3.6 对长方体的长、宽、高标上字母,使上下两底的面积都是 xy,前后两面的面积都是 xz,另外两面的面积都是 yz.那么 $V = xyz$,价格 C 由 $C = 2cxy + 2bxz + 2ayz$ 给出.由 AM-GM 不等式(3.5),我们有

$$8abcV^2 = (2cxy)(2bxz)(2ayz) \leqslant \left(\frac{C}{3}\right)^3$$

当且仅当 $2cxy = 2bxz = 2ayz$ 时,等式成立.于是最低价格是 $C = 3\,(8abcV^2)^{\frac{1}{3}}$ 美元.

3.7 设 r 和 h 分别是酒桶的底面半径和高,那么 $V = \pi r^2 h$ 和 $s^2 = 4r^2 + \frac{h^2}{4}$,所以由不等式(3.5)得到

$$V^2 = \pi^2 r^4 h^2 = \pi^2 \cdot 2r^2 \cdot 2r^2 \cdot \frac{h^2}{4}$$
$$= \pi^2 \cdot 2r^2 \cdot 2r^2 \cdot (s^2 - 4r^2)$$
$$\leqslant \pi^2 \cdot \left[\frac{2r^2 + 2r^2 + (s^2 - 4r^2)}{3}\right]^3$$
$$= \pi^2 \cdot \left(\frac{s^2}{3}\right)^3$$

或 $V \leqslant \dfrac{\pi s^3}{3\sqrt{3}}$，当且仅当 $2r^2 = s^2 - 4r^2 = \dfrac{h^2}{4}$，即 $h = 2\sqrt{2}\, r$ 时等式成立．所以当酒桶的高是底面直径的 $\sqrt{2}$ 倍时达到最大容积．

3.8　当周长给定时，即 s 也给定时．利用不等式(3.5)我们有

$$A = \sqrt{s}\sqrt{(s-a)(s-b)(s-c)} \leqslant \sqrt{s}\left[\frac{(s-a)+(s-b)+(s-c)}{3}\right]^{\frac{3}{2}} = \frac{s^2}{3\sqrt{3}}$$

当且仅当 $a = b = c$ 时，等式成立．因此有最大面积的三角形是等边三角形．

3.9　利用提示得到

$$2axby \leqslant 2|axby| \leqslant a^2 y^2 + b^2 x^2$$
$$2axcz \leqslant 2|axcz| \leqslant a^2 z^2 + c^2 x^2$$
$$2bycz \leqslant 2|bycz| \leqslant c^2 y^2 + b^2 z^2$$

将这三个不等式相加，然后两边再加 $a^2 x^2 + b^2 y^2 + c^2 z^2$ 得到式(3.15)．

3.10　是的，是可能的．解答图 3.1 是一种可能，该图展现了有九块砖的长方体盒子的三层(Hoffman,1981)．

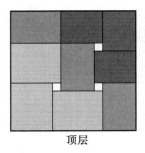 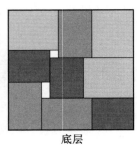

顶层　　　　　　　中层　　　　　　　底层

解答图 3.1

3.11　只要证明 $V^2 \leqslant \dfrac{4\pi^2 s^6}{243}$．因为 $s^2 = r^2 + h^2$，我们有

$$V^2 = \left(\frac{\pi r^2 h^2}{3}\right)^2 = \frac{\pi^2 r^4 h^2}{9} = \frac{4\pi^2}{9} \cdot \frac{r^2}{2} \cdot \frac{r^2}{2} \cdot (s^2 - r^2)$$

$$\leqslant \frac{4\pi^2}{9} \cdot \left[\frac{1}{3}\left(\frac{r^2}{2} + \frac{r^2}{2} + (s^2 - r^2)\right)\right]^3 = \frac{4\pi^2 s^6}{243}$$

当且仅当 $\dfrac{r^2}{2} = s^2 - r^2 = h^2$ 时，即当 $r = \sqrt{2}\, h$ 时，等式成立．

3.12　因为 $\varphi^2 = \varphi + 1$，我们有 $\varphi = 1 + \dfrac{1}{\varphi}$，所以如果我们在与图 3.1.3 有关的恒等式中设 $a = 1, b = \dfrac{1}{\varphi}$，那么我们有 $\varphi^3 = 1^3 + \left(\dfrac{1}{\varphi}\right)^3 + 3 \cdot 1 \cdot \dfrac{1}{\varphi} \cdot \varphi$，因此 $\varphi^3 - \left(\dfrac{1}{\varphi}\right)^3 = 4$．

3.13　设集合 B 被分成以下集合：(a)a 本身，体积是 abc；(b)两块 $a \times b \times 1$ 的砖块，两块 $a \times 1 \times c$ 的砖块，两块 $1 \times b \times c$ 的砖块，体积是 $2ab + 2ac + 2bc$；(c)四块长是 a，半径

是 1 的四分之一的圆柱,体积是 $\pi(a+b+c)$;(d)八个球扇形,每一个是半径是 1 球的八分之一,体积是 $\frac{4\pi}{3}$.因此 B 的体积是 $abc+2(ab+ac+bc)+\pi(a+b+c)+\frac{4\pi}{3}$.

第 4 章

4.1　杜德尼的解法:"这个谜题用图示就容易解决了.立刻看到这两块木块是以对角线方向拼在一起的."(解答图 4.1)

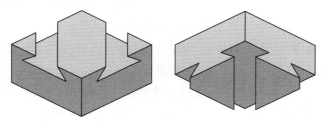

解答图 4.1

4.2　可能的,见解答图 4.2,其中三块 $1\times1\times1$ 的正方体是白的,六块 $1\times2\times2$ 的长方体根据方向是不同的灰色的.这个互补的问题(用九个小块拼成一个 $3\times3\times3$ 的正方体)被称为 Slothouber-Graatsma 谜题.

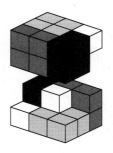

解答图 4.2

4.3　图 4.8.2(b)中包围的正方体的棱长是 $\sqrt{2}\,s$,所以它的体积是 $2\sqrt{2}\,s^3$,被移去的八个棱锥的每一个的体积是 $\frac{1}{6}\cdot(\frac{s}{\sqrt{2}})^3=\frac{\sqrt{2}\,s^3}{24}$.因此立方八面体的体积是

$$V=2\sqrt{2}\,s^3-\frac{\sqrt{2}\,s^3}{3}=\frac{5\sqrt{2}\,s^3}{3}$$

4.4　利用 4.2 节中的符号得到 $V=\text{vol}_O(3s)-6\text{vol}_{RSP}(s)=8\sqrt{2}\,s^3$.对于一个不同的解,通过截头八面体的中心,沿着原来的正八面体的棱的平面将截头八面体切割成八个半正方体,其中一个如解答图 4.3 所示.因为半正方体的棱长是 $\sqrt{2}\,s$,所以

$$V=8\cdot\frac{1}{2}\cdot(\sqrt{2}\,s)^3=8\sqrt{2}\,s^3$$

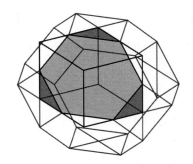

解答图 4.3

4.5 一方面,如果一个四面体是等腰的,那么它的面全等,并且周长相等. 另一方面,设各对棱长是 a 与 a',b 与 b',c 与 c';假定 $a+b+c=a+b'+c'=a'+b+c'=a'+b'+c$,那么 $b+c=b'+c'$ 和 $b+c'=b'+c$,或者等价的 $b-b'=c'-c$ 和 $b-b'=c-c'$. 于是 $c'-c=c-c'$,所以 $c=c'$,现在可推出 $a=a'$,$b=b'$,所以这个四面体是等腰四面体.

4.6 用图 4.6.1 中的记号,我们有 $b^2+c^2-a^2=2z^2>0$,所以 $b^2+c^2>a^2$,这表明在面上的边 a 的对角是锐角. 类似地,b 和 c 的对角是锐角,所以每个面都是锐角三角形.

4.7 $29:5(2^3)+24(1^3)=4^3$.

$34:26(2^3)+8(1^3)=6^3$.

$36:4(2^3)+32(1^3)=4^3$.

$38:1(3^3)+37(1^3)=4^3$.

$39:1(6^3)+18(3^3)+1(2^3)+19(1^3)=9^3$.

$41:25(2^3)+16(1^3)=6^3$.

$43:3(2^3)+40(1^3)=4^3$.

$45:1(6^3)+36(2^3)+8(1^3)=8^3$.

$46:1(6^3)+18(3^3)+27(1^3)=9^3$.

4.8 不行,因为没有一个 $41\times41\times41$ 的截面能有 $33\times33\times33$ 和 $16\times16\times16$ 的小正方体. 类似地,$1(3^3)+1(4^3)+1(5^3)=6^3$,但是这不可能构成三个 $3-$容许数.

4.9 (a)图 4.2.2 证明了棱长为 $2s$ 的正四面体可以分割成四个棱长为 s 的正四面体. 因此
$$4\mathrm{vol}_T(s)+\mathrm{vol}_O(s)=\mathrm{vol}_T(2s)=8\mathrm{vol}_T(s)$$
于是 $\mathrm{vol}_O(s)=4\mathrm{vol}_T(s)$.

(b)图 4.2.3 证明了棱长为 s 的正八面体可以分割成两个棱长为 s 的正四棱锥. 因此
$$2\mathrm{vol}_{RSP}(s)=\mathrm{vol}_O(s)=4\mathrm{vol}_T(s)$$
于是 $\mathrm{vol}_{RSP}(s)=2\mathrm{vol}_T(s)$.

4.10 见解答图 4.4.

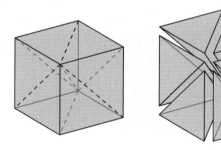

解答图 4.4

第 5 章

5.1 近似于 7.6 m.

5.2 如 5.2 节所指出的那样,正八面体是直反三棱柱.如果我们设 s 是它的棱长,那么 $A_1 = A_2 = \frac{\sqrt{3}}{4}s^2$, $A_m = \frac{3\sqrt{3}}{8}s^2$ 和 $h = \frac{\sqrt{6}}{3}s$. 因此

$$\text{vol}_O(s) = \frac{1}{6} \cdot \frac{\sqrt{6}}{3}s \cdot (2 \cdot \frac{\sqrt{3}}{4}s^2 + 4 \cdot \frac{3\sqrt{3}}{4}s^2) = \frac{\sqrt{2}}{3}s^3$$

5.3 在高 $x \in [-r, r]$ 处圆环圈的横截面的面积为 $\pi[(R + \sqrt{r^2 - x^2})^2 - (R - \sqrt{r^2 - x^2})^2] = 4\pi R\sqrt{r^2 - x^2}$ 的半月形,圆柱的矩形截面面积是 $2\sqrt{r^2 - x^2} \cdot 2\pi R = 4\pi R\sqrt{r^2 - x^2}$.

5.4 在高 $x \in [-\frac{h}{2}, \frac{h}{2}]$ 处珠子的横截面是面积为 $\pi(r^2 - x^2) - \pi a^2 = \pi[(\frac{h}{2})^2 - x^2]$ 的半月形(因为 $a^2 + (\frac{h}{2})^2 = r^2$),它的面积与球的圆盘形的横截面的面积相同.因此珠子的体积是 $\frac{4}{3}\pi(\frac{h}{2})^3$.

5.5 双圆柱的平行于由两个圆柱的轴确定的平面的截面相等,每一个正方形的面积是相应的球的圆形截面的面积的 $\frac{4}{\pi}$ 倍.因此双圆柱的体积是 $\frac{4}{\pi} \cdot \frac{4\pi r^3}{3} = \frac{16r^3}{3}$.

5.6 根据提示,球带的体积与相应的四面体的截得的部分的体积相同.但是这个截得的部分是拟柱体,所以我们可以用拟柱体的体积公式求它的体积.因为球带和四面体截得的部分的体积相同,所以我们只须将拟柱体的体积公式用于球带.显然 $A_1 = \pi a^2$ 和 $A_2 = \pi b^2$,所以我们只须求 A_m.为了做到这一点,设 r 是球的半径,通过球心在原点的球的两极插入一条 y 轴.设上面一个平面交 y 轴于 s,下面一个平面交 y 轴于 t,所以 $a^2 + s^2 = r^2$, $b^2 + t^2 = r^2$ 和 $h = s - t$.于是

$$A_m = \pi[r^2 - (\frac{s+r}{2})^2] = \frac{\pi}{4}[4r^2 - (s+t)^2]$$

$$V = \frac{\pi}{6}(A_1 + 4A_m + A_2) = \frac{\pi h}{6}(a^2 + b^2 + 4r^2 - s^2 - 2st - t^2)$$

$$= \frac{\pi h}{6}(3a^2 + 3b^2 + s^2 - 2st + t^2)$$

$$= \frac{\pi h}{6}(3a^2 + 3b^2 + h^2)$$

5.7 球冠是球被截得的部分,见图5.11.4,$a=0$,所以它的体积V,即

$$V = \frac{\pi h}{6} \cdot (3b^2 + h^2)$$

但是 $r^2 = (r-h)^2 + b^2$,所以 $b^2 = 2rh - h^2$,因此

$$V = \frac{\pi h}{6}(6rh - 2h^2) = \frac{\pi h^2}{3}(3r - h)$$

这与圆锥的体积相同.

5.8 是的.我们用来和卡瓦列里原理比较的立体图形是球,拟柱体公式给出球的正确的公式.

5.9 用5.4节的德古阿定理和顾巴不等式(3.11).当斜面三角形是等边三角形时等式成立.

5.10 (a)c表示斜边的长.用两种方法计算三角形的面积得到$\frac{ch}{2} = \frac{ab}{2}$,所以

$$(\frac{1}{h})^2 = \frac{c^2}{a^2b^2} = \frac{a^2+b^2}{a^2b^2} = (\frac{1}{a})^2 + (\frac{1}{b})^2$$

(b)设K表示图5.4.1中斜面三角形的面积.由德古阿定理我们有

$$K^2 = b^2c^2 + a^2c^2 + a^2b^2$$

或等价的

$$(\frac{2K}{abc})^2 = (\frac{1}{a})^2 + (\frac{1}{b})^2 + (\frac{1}{c})^2$$

但是直四面体的体积是$\frac{abc}{6}$和$\frac{hK}{3}$,因此$\frac{2K}{abc} = \frac{1}{h}$.

5.11 (a)图5.11.6(b)中的软木塞子的三角形截面的面积是底面半径为1 in,高为2 in的直圆柱的相应的截面的面积的一半.于是软木塞子的体积是$\frac{1}{2} \cdot \pi 1^2 \cdot 2 = \pi$ in³.

(b)图5.11.6(b)中的软木塞子是直圆柱移去两个圆柱形楔子后的立体图形.圆柱的体积是2π in³,每个楔子的体积是$\frac{4}{3}$ in³(由例5.7),于是软木塞子的体积是$2\pi - \frac{8}{3}$ in³.

(c)存在无穷多种不同形状的软木塞子.也许最简单的就是图5.11.6(b)中的三个阴影截面的并.

5.12 不存在.考虑解答图5.1中的正方体和棱柱.正方体和棱柱的底相同,两个侧

面(前后两面)是平行四边形,左右两面是矩形,两个立体图形的截面是全等的正方形.平行四边形面和正方体的正方形面的面积相等,但是矩形的面积较大.

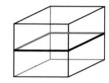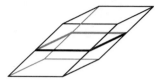

解答图 5.1

5.13 只有 $\angle ACB$ 是直角,所以 $ABCD$ 不是直四面体.由 $S_{\triangle ABC}=4$,$S_{\triangle ABD}=3$ 和 $S_{\triangle ACD}=S_{\triangle BCD}=\sqrt{\dfrac{7}{2}}$,于是 $S_{\triangle ABC}^2=S_{\triangle ABD}^2+S_{\triangle ACD}^2+S_{\triangle BCD}^2$.

5.14 设 V,B,H 是图 5.11.8 中的四面体 $ABCD$ 的体积、底面积和高;v,b,h 是阴影四面体的体积、底面积和高.那么 $V=\dfrac{1}{3}BH$,$b=\left(\dfrac{2}{3}\right)^2\cdot\dfrac{1}{4}B=\dfrac{1}{9}B$,$h=\dfrac{2}{3}H$,因此

$$v=\frac{1}{3}bh=\frac{1}{3}\cdot\frac{1}{9}B\cdot\frac{2}{3}H=\frac{2}{27}V$$

5.15 (a)考虑顶点为 $(0,0,0)$,(a,b,c) 和 $(a+x,b+y,c+z)$ 的三角形.

(b)因为平方根非负,所以只须证明

$$(a+x)^2+(b+y)^2+(c+z)^2\leqslant(\sqrt{a^2+b^2+c^2}+\sqrt{x^2+y^2+z^2})^2 \qquad (*)$$

等价于柯西-施瓦茨不等式(5.3).为了证明不等式(5.3)意味着证明式 $(*)$,我们有

$$(a+x)^2+(b+y)^2+(c+z)^2=a^2+b^2+c^2+x^2+y^2+z^2+2(ax+by+cz)$$
$$\leqslant a^2+b^2+c^2+x^2+y^2+z^2+$$
$$2\sqrt{a^2+b^2+c^2}\sqrt{x^2+y^2+z^2}$$
$$=(\sqrt{a^2+b^2+c^2}+\sqrt{x^2+y^2+z^2})^2$$

为了证明不等式(5.3)意味着证明式 $(*)$,考虑绝对值 $|a|,|b|,|c|,|x|,|y|,|z|$ 的式 $(*)$,展开平方后再用 $|ax+by+cz|\leqslant|a||x|+|b||y|+|c||z|$.

5.16 考虑内接于直径 d 是 4 的球的正二十面体.此时中心在正十二面体的顶点的 12 个单位球将与中心与外接球的中心重合的单位球相切.但是在 5.7 节中我们学到了正二十面体的棱 s 满足 $s=\dfrac{d}{\sqrt{2+\varphi}}$,于是 $s=\dfrac{4}{\sqrt{2+\varphi}}\approx2.103$,所以中心在正二十面体的相邻的顶点的任何 2 个单位球都互不相切.

5.17 正十二面体的体积较大,因为

$$V_{\text{dodec}}=\frac{7\varphi+4}{2}\left(\frac{2}{\varphi\sqrt{3}}\right)^3\approx2.785$$

$$V_{\text{icos}}=\frac{5\varphi^2}{6}\left(\frac{2}{\sqrt{2+\varphi}}\right)^3\approx2.536$$

5.18 证明使用以下容易验证的平面几何和三角学的事实：内接于半径为 r 的圆的正 n 边形的边长是 $2r\sin\dfrac{\pi}{n}$，$\cos\dfrac{\pi}{5}=\dfrac{\varphi}{2}$ 和 $\sin\dfrac{\pi}{10}=\dfrac{1}{2\varphi}$，这里 φ 表示黄金比，此时

$$p=2r\sin\frac{\pi}{5},d=2r\sin\frac{\pi}{10}=\frac{r}{\varphi}$$

于是

$$a^2=p^2-r^2=4r^2\sin^2\frac{\pi}{5}-r^2=4r^2\left(1-\cos^2\frac{\pi}{5}\right)-r^2$$

$$=3r^2-4r^2\cos^2\frac{\pi}{5}$$

$$=r^2(3-\varphi^2)$$

但是 $3-\varphi^2=\dfrac{1}{\varphi^2}$（因为 $\left(\varphi-\dfrac{1}{\varphi}\right)^2=1$），所以 $a=\dfrac{r}{\varphi}=d$.

第 6 章

6.1 不成立. 设每一条直线都平行于另外两条，但是 l_3 不在 l_1 和 l_2 确定的平面内. 于是对于任何与 l_1 和 l_2 都相交的直线不可能与 l_3 也相交.

6.2 因为四面体的每一条棱联结两个顶点，将 $S_A=\alpha+\beta+\gamma-\pi$，与其他顶点的三个类似的表达式相加得到 $T=2D-4\pi$.

6.3 至多两个. 球 Σ_1 和 Σ_2 相交于一个圆，这个圆与 Σ_3 至多相交于两点.

6.4 没有. 考虑顶点在 $Oxyz$ 坐标系的坐标为 $(0,0,0),(-1,0,0),(1,1,0),(0,0,1)$ 的四面体. 于是从 $(0,0,1)$ 出发的高沿着 z 轴，而从 $(1,1,0)$ 出发的高是平行于 y 轴过点 $(1,1,0)$ 的直线，它与 z 轴不相交.

6.5 这些面中的两个是等边三角形，另外两个面是棱为 $4,4$ 和 7 的等腰三角形，所以在这些面上的所有的棱满足三角形不等式. 解答图 6.1 证明了要存在一个四面体必须是五条边的长是 4，第六条边的长小于 $4\sqrt{3}\approx6.93$.

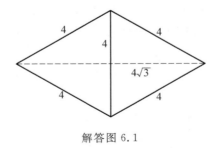

解答图 6.1

6.6 对 $i=1,2,\cdots,n$，用 (a_i,b_i,c_i) 表示 n 个定点，设 $\bar{a}=\dfrac{1}{n}\sum_{i=1}^{n}a_i$，类似地定义 $\bar{b}$ 和

$\bar{c}$. 因为

$$\sum_{i=1}^{n}(x-a_i)^2 = n(x-\bar{a})^2 + \sum_{i=1}^{n}(a_i-\bar{a})^2$$

(对 $\sum_{i=1}^{n}(y-b_i)^2$ 和 $\sum_{i=1}^{n}(z-c_i)^2$ 情况类似), 推出

$$\sum_{i=1}^{n}(x-a_i)^2 + \sum_{i=1}^{n}(y-b_i)^2 + \sum_{i=1}^{n}(z-c_i)^2 = k^2$$

等价于

$$(x-\bar{a})^2 + (y-\bar{b})^2 + (z-\bar{c})^2 = k^2 - \frac{1}{n}\sum_{i=1}^{n}\left[(a_i-\bar{a})^2 + (b_i-\bar{b})^2 + (c_i-\bar{c})^2\right]$$

轨迹是对于足够大的 k, 中心在 $(\bar{a},\bar{b},\bar{c})$ 的球.

6.7 根据吉拉尔定理, 相似的球面三角形(即角对应相等的三角形)将有同样的面积, 由此它们必定全等.

6.8 不是. 有三个平面, 如果其中任何两个平面都不平行, 那么这三个平面或者相交于三条平行线, 或者相交于同一点 P. 由此, 每一对交线(对于浅灰色的平面和中灰色的平面和隐藏在这个立体图形的背后的平面)必经过点 P. 如解答图 6.2 表示的虚线的延长线并不是这样的情况(也注意到浅灰色的面不是平面). 由此这个图并不表示多面体.

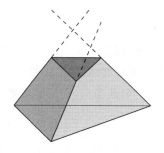

图解答 6.2

6.9 单位正方体的正六边形截面的边长是 $\frac{\sqrt{2}}{2}$. 如果一个边长大于 1 的正方形内接于这个六边形, 那么它必位于它的内接圆内. 但是圆的半径也是 $\frac{\sqrt{2}}{2}$, 这个圆内的每一个正方形的边长至多是 $\frac{\sqrt{2}}{2}\cdot\sqrt{2}=1$, 所以边长大于 1 的正方形不能内接于这个六边形. 此外, 内接于这个正六边形截面的任何正方形不可能四个顶点都在这个外接圆上, 所以它的面积严格小于 1.

6.10 球上到两个给定的点的距离相等的点的轨迹是一个大圆. 给定球面三角形 ABC, 设 K 是平分 AB 的大圆, 设 K' 是平分 AC 的大圆. K 和 K' 相交于两个对顶的点; 设 P 是在 ABC 内到 A,B,C 等距离的点. 由 P(它的对顶的点)和 BC 的中点确定的大圆是

第三条平分线.

第7章

7.1 (a)如果所生成的四面体的表面积为 A_0,体积为 V_0,那么在 n 次迭代后表面积 A_n 等于 A_0,体积 V_n 等于 $V_0(\frac{1}{2})^n$. 因此谢尔品斯基四面体的面积有限,体积为零.(b)如果所生成的八面体的表面积为 A_0,体积为 V_0,那么在 n 次迭代后表面积 A_n 等于 $A_0(\frac{3}{2})^n$,体积 V_n 等于 $V_0(\frac{3}{4})^n$. 因此谢尔品斯基八面体的表面积无限,体积为零.

7.2 分形正方体的表面积与原正方体的表面积相等,但分形正方体的体积为零.

7.3 $E=60, A=\frac{40}{3}, V=\frac{5}{7}$.

7.4 体积为零,但是表面积与原正方体相同.

7.5 提灯的体积的极限等于圆柱的体积.利用例 5.2 的结果,内接于每一条带中的反棱柱的体积是 $\frac{h}{6m}(2A_n+4A_{2n})$,这里 A_k 是内接于半径为 r 的正 k 边形的面积.于是提灯的体积是 $\frac{h}{6}(2A_n+4A_{2n})$. 因为它与 m 无关,所以我们只要取当 $n\to\infty$ 时的极限.因为 A_n 和 A_{2n} 都趋近于 πr^2,所以提灯的体积是 $\pi r^2 h$,即圆柱的体积.

7.6 见截面的前三次的迭代的解答图 7.1.在迭代中的每一步,一个星形的孔、六个六边形的环和六个三角形替代每一个截面的六边形区域,一个六边形和三个三角形替代该截面的每一个三角形区域.

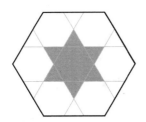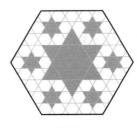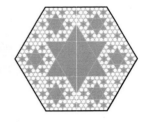

解答图 7.1

7.7 (a)$\frac{\ln 4}{\ln 2}=2$.

(b)$\frac{\ln 6}{\ln 2}\approx 2.585$.

(c)$\frac{\ln 4}{\ln 2}=2$.

(d)$\frac{\ln 9}{\ln 3}=2$.

7.8 设 $S_n = 1 + 4 + \cdots + n^2$. 于是在 n 次聚合中的正方体的个数 T_n 为

$$T_n = S_n + 2S_{n-1} + S_{n-2} = \frac{(2n-1)(2n^2-2n+3)}{3}$$

7.9 见解答图 7.2.

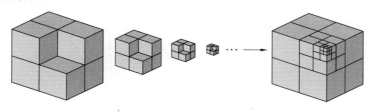

解答图 7.2

第 8 章

8.1 (a)在 4.6 节中我们学到了等腰四面体的面是全等的三角形,因此它们有共同的面积 K. 正如我们在 8.2 节中代数证明的过程那样,我们有

$$V = \frac{1}{3}Kd_1 + \frac{1}{3}Kd_2 + \frac{1}{3}Kd_3 + \frac{1}{3}Kd_4$$

于是 $d_1 + d_2 + d_3 + d_4$ 是常数 $\dfrac{3V}{K}$.

(b)存在.它对所有的面的面积都相等这一性质的任何凸多面体都成立.这包括另四种柏拉图体,菱形十二面体,有全等三角形面的双棱锥等.

8.2 内部的 $(n-2)^3$ 个小正方体没有红色的面,$6(n-2)^2$ 个小正方体有 1 个红色的面,$12(n-2)$ 个小正方体有 2 个红色的面,8 个小正方体有 3 个红色的面.

8.3 设 $V_k = p_k^2 p_{k+1}$ 表示第 k 个帕多万砖块的体积.用数学归纳法容易证明 $V_0 + V_1 + \cdots + V_n = p_n p_{n+1} p_{n+2}$,所以砖块的总体积等于该长方体的体积.说明证明中的归纳步骤的解答图 8.1 证明了这些砖块确实是适合放进该长方体中的.

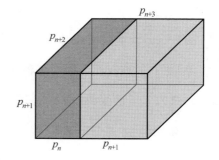

解答图 8.1

8.4 用正方体 V 代替正方体 IV 将表 8.1 中的密码改变为

正方体	(1)	(2)	(3)
I	1	6	15
II	2	10	15
III	2	5	6
V	3	4	25

现在只有一组密码(6,10,5,3)的积是900,所以我们只能在"顶面"或"前面"有所有四种颜色,但不是都有四种颜色.

8.5 (a)将圆环圈水平方向切开,然后竖直方向切开形成四块相似的 U 形片.然后将这四块 U 形片叠起,切割成如解答图 8.2(a)所示的四块大片和八块小片.(b)九片.见解答图 8.2(b).

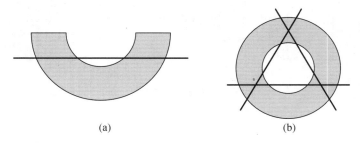

(a)   (b)

解答图 8.2

8.6 先将小刀环绕圆环圈旋转 360°切一刀,切出形如一整扭的默比乌斯带(所以它有两个面)结果形成两个相扣的环.见解答图 8.3(取自堆砌交互网的照片).

解答图 8.3

8.7 (a)顶面的面积是 $\pi \cdot 1^2 = \pi$,侧面积是 $2\pi \cdot 1 \cdot \frac{1}{2} = \pi$.

(b)更一般地我们证明如何将一个 $a \times b$ 的矩形变为"正方形":一个直径为 $a+b$ 的半圆得到长为 $\sqrt{ab}$ 的线段,即所求的正方形的边长.有了 $a = \frac{1}{2}, b = 2\pi$,我们就有 $\sqrt{ab} = \sqrt{\pi}$.(解答图 8.4)

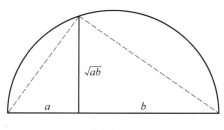

解答图 8.4

（c）不是．这一论断在字面上是"圆形的"，因为你需要能作一个 $2\pi \times \dfrac{1}{2}$ 的矩形（等价于化圆为方）去作这个圆柱！

8.8　如 8.8 节中那样将 y 轴和 z 轴旋转一个角 $\theta(0 \leqslant \theta \leqslant \dfrac{\pi}{2})$ 得到

$$x^2 + (\bar{y}\cos\theta - \bar{z}\sin\theta)^2 = r^2$$

作为圆柱的方程．设 $\bar{z}=0$，用 y 代替 $\bar{y}$ 得到

$$x^2 + (\cos^2\theta)y^2 = r^2$$

作为截面的方程．当 $\theta=0, 0<\theta<\dfrac{\pi}{2}, \theta=\dfrac{\pi}{2}$ 时，这个截面分别是一个圆，一个椭圆或两条平行线．

8.9　如 8.8 节中那样将 y 轴和 z 轴旋转一个角 θ 得到

$$\left(\sqrt{x^2 + (\bar{y}\cos\theta - \bar{z}\sin\theta)^2} - R\right)^2 + (\bar{y}\sin\theta + \bar{z}\cos\theta)^2 = r^2$$

作为圆环圈的方程．设 $\bar{z}=0$，用 y 代替 $\bar{y}$ 得到

$$x^2 + y^2 - 2R\sqrt{x^2 + y^2\cos^2\theta} + R^2 = r^2$$

移项后两边平方，我们有

$$(x^2+y^2)^2 + 2(x^2+y^2)(R^2-r^2) + (R^2-r^2)^2 = 4R^2(x^2+y^2\cos^2\theta)$$

用 $\sin\theta = \dfrac{r}{R}$，再进一步化简得到

$$(x^2+y^2)^2 - 2(x^2+y^2)(R^2-r^2) + (R^2-r^2)^2 = 4r^2x^2$$

或

$$[(x^2+y^2) - (R^2-r^2)]^2 - (2rx)^2 = 0$$

分解因式后得到

$$[(x-r)^2 + y^2 - R^2][(x+r)^2 + y^2 - R^2]^2 = 0$$

因此交线是两个半径为 R 的圆，两个圆心之间相距 $2r$ 个单位．

第 9 章

9.1　见解答图 9.1，其中标明（1）到（5）线段和弧有表 9.1 中所需的长度．

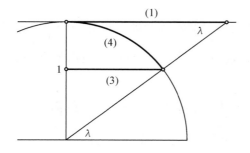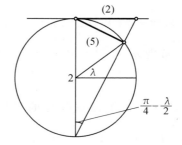

解答图 9.1

9.2 不存在. 如果理想的地图存在,那么球面三角形就投影为内角和为 π 的平面三角形,但是由吉拉尔定理(见 6.4 节),球面三角形的内角和永远大于 π.

9.3 (a)由提示,$\dfrac{2E}{F} \geqslant 3$,所以 $2E \geqslant 3F$. 类似地,每一条棱联结两个顶点,所以每个顶点的平均数是 $\dfrac{2E}{V}$,这个平均数至少是 3.

(b)三个不共线的顶点只能形成平面内的一个三角形,所以 $V \geqslant 4$. 因此 $2E \geqslant 3V \geqslant 12$.

(c)如果 $F=7$,那么 $3V \leqslant 14$,所以 $V=4$. 但是因为每一条棱联结一对不同的顶点,所以对于一个有四个顶点的四面体的棱的最大条数是 $\dbinom{4}{2}=6$.

(d)底是正 n 边形($n \geqslant 3$)的棱锥有 $2n$ 条棱,所以 6 和 6 以上的一切偶数是 E 的可能的值(见表示 $n=5$ 的情况下框架的投影的解答图 9.2(a)). 将棱锥的底面切去一个角,如解答图 9.2(b)所示. 增加 3 条棱. 因此所有原来的 9 和 9 以上的奇数都是 E 的可能的值.

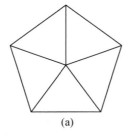 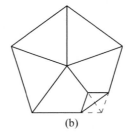

解答图 9.2

9.4 (a)nF 和 dV 都计算了棱的条数两次.

(b)在欧拉的多面体公式中设 $F=\dfrac{2E}{n}$ 和 $V=\dfrac{2E}{d}$,化简后得到 $\dfrac{1}{n}+\dfrac{1}{d}=\dfrac{1}{2}+\dfrac{1}{E}$,因为 $\dfrac{1}{E}>0$,我们有 $\dfrac{1}{n}+\dfrac{1}{d}>\dfrac{1}{2}$.

(c)显然 $n \geqslant 3$ 和 $d \geqslant 3$,但是 n 和 d 不能都大于 3. 因为此时将有 $\dfrac{1}{n}+\dfrac{1}{d} \leqslant \dfrac{1}{2}$,所以或者 $n=3$,或者 $d=3$,这导致方程有五组解. 观察到这一些便可得到前面学到的五种正多面体.

9.5 (a)每个顶点的棱的平均数是 $\dfrac{2E}{V}$,所以 $2E \geqslant 3F$. 由欧拉的多面体公式,$3V=6+3E-3F$,所以 $6+3E-3F \leqslant 2E$,因此 $6+E \leqslant 3F$,或 $2E \leqslant 6F-12$.

(b)如果 $2E \leqslant 6F-12$,那么 $2E<6F$,所以 $\dfrac{2E}{F}<6$,即每个面的棱数的平均数小于 6.

9.6 当 $F=5$ 时,欧拉的多面体公式变为 $E=V+3$.因为 $F=5$,所以所有的面都必须是三角形或四边形,每个顶点的度数必是 3 或 4.设 F_n 是 n 边形的面数,V_k 是度数为 k 的顶点数.现在 $F_3+F_4=5,3F_3+4F_4=2E$,这些方程的正整数解是 $(F_3,F_4,E)=(4,1,8),(2,3,9)$ 和 $(0,5,10)$.类似地,$V_3+V_4=V$ 和 $3V_3+4V_4=2E=2V+6$,由此推得 $V_3+2V_4=6$.这个方程的正整数解(以及相应的 E 的值)是 $(V_3,V_4,E)=(6,0,9),(4,1,8),(2,2,7)$ 和 $(0,3,6)$.因此只有两个五面体满足 $(F_3,F_4,E)=(4,1,8)$ 和 $(2,3,9)$,即挑战题 1.3 中描述的两组解.

9.7 (a)正十二面体.

(b)设 F_5 和 F_6 分别表示五边形面和六边形面的面数,V,E,F 是顶点、棱和面的总数.那么性质(ⅰ)表明 $F_5+F_6=F$ 和 $5F_5+6F_6=2E$,因此 $6F-2E=F_5$.性质(ⅱ)表明 $2E=3V$,将欧拉公式乘以 6 得到 $6V-6E+6F=12$,于是 $6F-2E=12,F_5=12$.满足这两个性质的第三个多面体是六角截头梯形多面体(hexagonal truncated trapezohedron),这是一个有 12 个正五边形面,2 个正六边形面,36 条棱,24 个顶点的多面体.(解答图 9.3)

解答图 9.3

9.8 设 A(PDX 机场),B(BCN 机场)和 C(北极)是该球面三角形的顶点.此时角和边的大小(弧度制)约是 $C=2.176\ 048\ 5,a=0.849\ 991\ 1$ 和 $b=0.775\ 114\ 0$,所以由式(9.1)得到 $\cos c=0.172\ 327\ 9$.因此 $c=1.397\ 603\ 9$,于是 BCN 机场和 PDX 机场之间的距离约是 8 904 km 或 5 533 mi.

9.9 考虑四面体 $ABCD$ 的面 $\triangle ABC$.证明 $\triangle ABC$ 的面积小于或等于其他三面的面积的和由下面的(a)和(b)推出:(a)其他各面的每一个面的面积至少与 $\triangle ABC$ 在平面内的投影的面积同样大;(b)三个投影的并等于 $\triangle ABC$ 或者是 $\triangle ABC$ 的一个超集.

9.10 设 C' 和 D' 分别是 C 和 D 在 $\triangle ABM$ 所在的平面内的投影.那么 M 也是 $C'D'$ 的中点.因为 $\triangle ABC',\triangle ABD'$ 和 $\triangle ABM$ 有共同的底 $AB,\triangle ABM$ 的高是 $\triangle ABC'$ 和 $\triangle ABD'$ 的高的算术平均数,所以 $\triangle ABM$ 的面积是 $\triangle ABC'$ 和 $\triangle ABD'$ 的面积的算术平均数.但是 $\triangle ABC'$ 的面积小于或等于 $\triangle ABC$ 的面积,所以 $\triangle ABD'$ 的面积小于或等于 $\triangle ABD$ 的面积.

9.11 这两个多面体都有哈密顿圈.见立方八面体的解答图 9.4(a)和丢勒体的解答图 9.4(b).

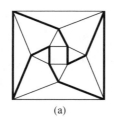 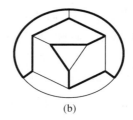

解答图 9.4

9.12 对顶点涂色,如解答图 9.5,观察到每一条棱联结一个白顶点和一个黑顶点.如果存在一条哈密顿圈,那么它必经过偶数个顶点.但是九面体有十一个顶点,所以它不具有哈密顿圈.

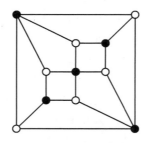

解答图 9.5

9.13 不能.两个四边形的面,一个在中心,一个是对应图形的外轮廓,它们有一对公共的顶点.因为面是平面,所以它们也有联结这两个顶点的公共的对角线.

9.14 不存在.为了使 9.6 节中的不等式中的等式成立,ABC 和 BCD 必是等边三角形,棱 BC 处的二面角必是 $\dfrac{\pi}{2}$.但是在这种情况下,$|AD| = \dfrac{\sqrt{6}}{2}M > M$,这与 M 是最长的棱矛盾.

9.15 对非负实数 x 和 y,不等式 $xy \leqslant \dfrac{x^2 + y^2}{2}$ 得到

$$\frac{|a_1 b_1 + a_2 b_2 + \cdots + a_n b_n|}{AB} \leqslant \frac{|a_1|}{A}\frac{|b_1|}{B} + \frac{|a_2|}{A}\frac{|b_2|}{B} + \cdots + \frac{|a_n|}{A}\frac{|b_n|}{B}$$

$$\leqslant \frac{1}{2}\left(\frac{|a_1|^2}{A^2} + \frac{|b_1|^2}{B^2} + \frac{|a_2|^2}{A^2} + \frac{|b_2|^2}{B^2} + \cdots + \frac{|a_n|^2}{A^2} + \frac{|b_n|^2}{B^2} \right)$$

$$= 1$$

因此 $|a_1 b_1 + a_2 b_2 + \cdots + a_n b_n| \leqslant AB$.

9.16 用反证法证明.假定 $\max\{A_x, A_y, A_z\} < V^{\frac{3}{2}}$,那么所有三个投影的面积都小于 $V^{\frac{3}{2}}$.于是 $\sqrt{A_x A_y A_z} < V$,这与卢米斯—惠特尼不等式(9.2)矛盾.

9.17 如果存在一个这样的公式,那么同时用欧拉的多面体公式解,将得到恰有两

个变量的方程.因此一个变量唯一确定另一个变量.在解答图 9.6 中的多面体框架的三个投影证明这不可能发生.解答图 9.6(a)和解答图 9.6(b)证明 V 并不唯一确定 E 或 F,解答图 9.6(b)和解答图 9.6(c)证明 E 并不唯一确定 V 或 F,解答图 9.6(a)和解答图 9.6(c)证明 F 并不唯一确定 V 或 E(Barnette,1983).

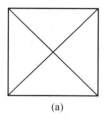 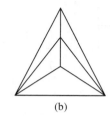 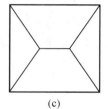

(a) (b) (c)

解答图 9.6

第 10 章

10.1 解答图 10.1 中的网络能够折叠出一个(非凸的)三角形多面体,它由一个正四面体以及两个面上各粘贴一个附加的正四面体组成.

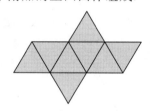

解答图 10.1

10.2 解答图 10.1 中的网络也能折叠出一个正八面体.

10.3 如果一个凸多面体的所有面都是正方形,那么 $V-E+F=2,4F=2E$,所以 $2V-E=4$.但是因为该多面体是凸的,$V=V_3$,所以 $3V=2E$,因此 $2V-\frac{3}{2}V=4$ 以及 $V=8,E=12,F=6$.于是这个唯一的解是正方形.

10.4 见解答图 10.2.

10.5 这里是两个解,还存在无穷多个解(Hunter et al,1975).在这个立体图形上剪出一条折线沿着虚线折叠(解答图 10.3):

10.6 假定四面体 $ABCD$ 的每一个顶点处的角的和是 180°.如果我们沿着同一个顶点 D 出发的三条棱剪开,然后将该四面体展开,我们得到一个如解答图 10.4 所示的三角形,这是因为在 A,B,C 处的三个角之和是 180°.

于是结果是以 A,B,C 为边的中点的三角形 $D_1D_2D_3$.因此

$$|AB|=\frac{1}{2} \cdot |D_2D_3|=|D_2C|=|DC|$$

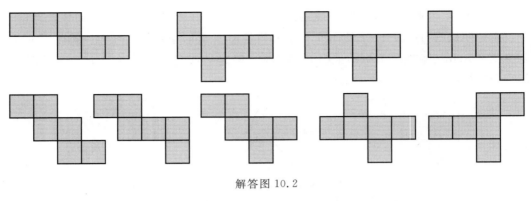

解答图 10.2

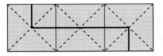 

解答图 10.3

也就是说,对棱 AB 和 CD 的长相等.类似地,另外两对对棱的长也相等,于是该四面体是等腰四面体.

反之,如果这个四面体是等腰四面体,那么在顶点处的三个角与边所对的三个角相等,因此和是 180°.

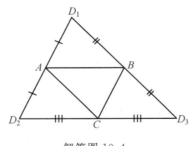

解答图 10.4

10.7 设 r 表示地球的半径.那么热带区域的高是 $h = 2r\sin(23.437\,8°)$,由

$$\frac{2\pi rh}{4\pi r^2} = \frac{h}{2r} = \sin(23.437\,8°) \approx 39.8\%$$

所以热带部分约占地球表面的 39.8%.

10.8 这两个图形的长恰好相等.图 10.7.2 中设 $r=1$ 推出这一讨论.

10.9 30 ft.有三个可行的展开房间的方法得到长为 30 ft 以及近似于 31.3 ft 和 33.5 ft 的路径.

10.10 最短路径的长是 $3\sqrt{2}$.(解答图 10.5)

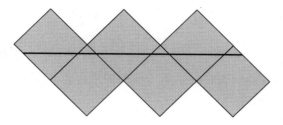

解答图 10.5

10.11　如解答图 10.6(a)所示的长方体的展开图所示的那样,从 A 到 X 的最短路径的长是 $\sqrt{8}$.设 B 是对角线向下四分之一处的点,如解答图 10.6(b)和解答图 10.6(c)中的长方体的展开图所示.在所示的两条路径中从 A 到 B 的最短的路径的长都是 $\sqrt{8.125}$.由对称性,在长方体背后存在另外两条路径.因此,解答图 10.6(b)(c)中的点 B 才是使路径尽可能长的点,而不是点 X.

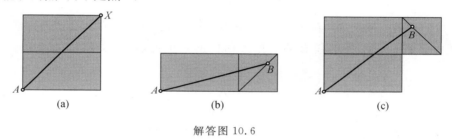

解答图 10.6

10.12　沿着图 10.12.5 中的虚线切割圆锥直接与从顶点经过给定的点的直线相对,按照解答图 10.7 打开圆锥.现在圆锥是一个扇形,最短的路径由两条垂直于刀口形成的直线组成(Steinhaus,1969).条件 $h > \sqrt{3}r$ 确保扇形小于圆盘的一半.

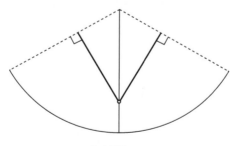

解答图 10.7

10.13　不存在.两个四面体有同样的棱长,但是在图 10.12.6(a)中的四面体的体积是 $\frac{1}{6}$,而在图 10.12.6(b)中的四面体的体积是 $\frac{\sqrt{5}}{12}$.

10.14　不是的.设 S 是正三角形,T 是等腰直角三角形,二者的面积都是 4.联结每一个三角形的边的中点的直线形成四面体的网.S 折叠成一个具有正体积的正四面体,T

折叠成一个退化的零体积的四面体(一个正方形),但是两个四面体的所有的面的面积都是 1.

10.15 在解答图 10.2 中两行中最左边的网络能够变形生成环绕正方体的带状的图形,如解答图 10.8(a)所示.此时每一条带状的图形可以切割成 n 条全等的带,如解答图 10.8(b)所示(Gardner,2001).

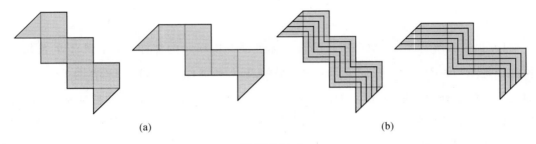

(a)   (b)

解答图 10.8

10.16 存在.棱长为 1 的三棱柱的网如解答图 10.9 所示,它具有这一性质.对于这个问题中具有这一性质的仅有的其他多面体的一个证明,见文献(Krusemeyer et al,2012).

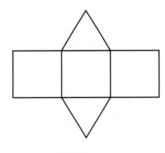

解答图 10.9

10.17 因为

$$V = \frac{\pi h^2}{3} \cdot (3r-h)$$

以及

$$S = 2\pi rh$$

对三个数的 AM-GM 不等式(3.5),我们有

$$\frac{V^2}{S^3} = \frac{2h\,(3r-h)^2}{144\pi r^3} \leqslant \frac{\left[\dfrac{2h+(3r-h)+(3r-h)}{3}\right]^3}{144\pi r^3} = \frac{1}{18\pi}$$

当且仅当 $2h=3r-h$ 或 $h=r$ 时,即球冠是半球时,我们有等式.

10.18 容易看出对于正四面体、正八面体和正方体,这些数分别是 4,2 和 3. 对于正十二面体、正二十面体,这些数分别是 4 和 3,它们的网见解答图 10.10.

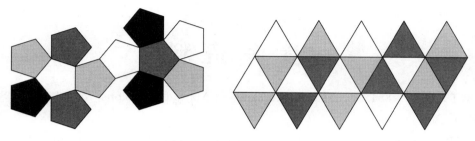

解答图 10.10

10.19 如解答图 10.11 所示,画两条半径,设 y 是 S 和 T 相交的圆的半径,设 h 是 S 在圆 T 内的球冠的高.

因此 $y^2 + h^2 = R^2$ 和 $y^2 + (r-h)^2 = r^2$. 解这个方程组的 h,得到 $h = \dfrac{R^2}{2r}$. 于是球冠的面积是 $2\pi rh = \pi R^2$,与 r 无关,等于被 T 的大圆包围的面积.

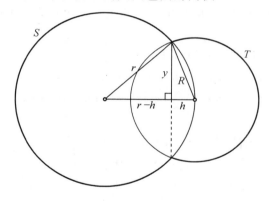

解答图 10.11

参 考 资 料

ABBOTT E A, 1884. Flatland: A Romance of Many Dimensions[M]. London: Seeley & Co..

ALLENDOERFER C B ,1965. Generalizations of theorems about triangles[J]. Mathema tics Magazine, 38 :253-259.

ALSINA C, NELSEN R B,2010. Charming Proofs. A Journey into Elegant Mathematics[M]. Washington: Mathematical Association of America.

ANDREESCU T, GELCA R,2000. Mathematical Olympiad Challenges[M]. Boston: Birkhaüser.

BANKOFF L,1951. Regular octahedron inscribed in a cube[J]. Mathematics Magazine, 25 :48-49.

BARNETTE D, 1983. Map Coloring, Polyhedra, and the Four-Color Problem[M]. Washington: Mathematical Association of America.

BEHRENDS E, 2008. Five-Minute Mathematics[M]. Providence: American Mathematical Society.

BELL A G,1903. The tetrahedral principle in kite structure[J]. National Geographic Magazine, 44:219-251.

BERN M, DEMAINE E,EPPSTEIN D, et al,2003. Ununfoldable polyhedra with convex faces[J]. Computational Geometry, 24:51-62.

BROWN T A,1968. A note on "Instant Insanity"[J]. Mathematics Magazine, 41:167-169.

CONNELLY R,SABITOV I, WALZ A, 1997. The bellows conjecture[J]. Beiträge zur Algebra und Geometrie, 38 :1-10.

COOK W M, 2013. An n-dimensional Pythagorean theorem[J]. College Mathematics Journal, 44 :98-101.

CULLEN M R,1997. Cylinder and cone cutting[J]. College Mathematics Journal, 28: 122-123.

CUNDY H M,ROLLETT A P, 1961. Mathematical Models[M]. Oxford: Oxford University Press.

CROMWELL P R,1997. Polyhedra[M]. Cambridge: Cambridge University Press.

CUPILLARI A,1989. Proof without words[J]. Mathematics Magazine，62 ；259.

DAIRE S A,2006. Mathematical lens[J]. Mathematics Teacher，99 ；552-553.

DAVID G,TOMEI C,1989. The problem of the calissons[J]. American Mathematical Monthly，96；429-430.

DEMAINE E D,DEMAINE M L,IACONO J,et al,2009. Wrapping spheres with flat paper[J]. Computational Geometry：Theory and Applications,42；748-757.

DÖRRIE H, 1965. 100 Great Problems of Elementary Mathematics. Their History and Solution[M]. New York：Dover Publications，Inc..

DUDENEY H,1917. Amusements in Mathematics[M]. London：Thomas Nelson and Sons .

DUDENEY H, 1967. 536 Puzzles & Curious Problems [M]. New York：Charles Scribner's Sons.

DUDENEY H, 1919. The Canterbury Puzzles and Other Curious Problems[M]. 2nd ed. London：Thomas Nelson and Sons.

Euler L,1776. Formulae generales pro translationes quacunque corporum rigidorum[J]. Novi Comm. Acad. Sci. Petrop. ,20 ；189-207.

EVES H,1980. Great Moments in Mathematics (before 1650)[M]. Washington：Mathematical Association of America.

EVES H,1991. Two surprising theorems on Cavalieri congruence[J]. College Mathematics Journal，22；118-124.

EVES H,1983. An Introduction to the History of Mathematics[M]. 5th ed. Philadelphia：Sanders College Publishing.

FEEMAN T G, 2002. Portraits of the Earth：A Mathematician Looks at Maps[M]. Providence：American Mathematical Society.

FREDERICKSON G N, 2002. Hinged Dissections：Swinging & Twisting[M]. Cambridge：Cambridge University Press.

Gaddum J W, 1952. The sum of the dihedral angles of a tetrahedron[J]. American Mathematical Monthly，59；370-371.

GALLIVAN B C, 2002. How to Fold Paper in Half Twelve Times：An Impossible Challenge Solved and Explained[M]. Pomona：Historical Society of Pomona Valley.

GARDNER M, 1961. The 2nd Scientific American Book of Mathematical Puzzles & Diversions[J]. Chicago：University of Chicago Press.

GARDNER M, 1989. Mathematical Carnival[M]. Washington：Mathematical Association of America.

GARDNER M, 1992. Fractal Music, Hypercards and More[M]. New York: W. H. Freeman and Company.

GARDNER M, 2001. A Gardner's Workout[M]. Natick: A K Peters.

GRÜNBAUM B, 1985. Geometry strikes again[J]. Mathematics Magazine, 58: 12-18.

GUBA S G, 1977. Zadaca 1797[J]. Mat. V. Škole : 80.

HALMOS P, 1991. Problems for Mathematicians Young and Old[M]. Washington: Mathematical Association of America.

HAUNSPERGER D B, KENNEDY S F, 1997. Sums of triangular numbers: Counting cannonballs[J]. Mathematics Magazine, 70: 46.

HOFFMAN D G, 1981. Packing problems and inequalities[M]//KLARNER D A. The Mathematical Gardner. Belmont: Wadsworth International: 212-225.

HONSBERGER R, 1970. Ingenuity in Mathematics[M]. Washington: Mathematical Association of America.

HONSBERGER R, 1976. Mathematical Gems II[M]. Washington: Mathematical Association of America.

HULL T C, 1994 . On the mathematics of flat origamis[J]. Congressus Numerantum, 100: 215-224.

HULL T C, 2004. Origami quiz[J]. Mathematical Intelligencer, 26 : 38-39, 61-63.

HUNTER J A H, MADACHY J S, 1975. Mathematical Diversions[M]. New York: Dover Publications, Inc. .

JOHNSON R A, 1916. A circle theorem[J]. American Mathematical Monthly, 23: 161-162.

KALAJDZIEVSKI S, 2000. Some evident summation formulas[J]. Mathematical Intelligencer, 22: 47-49.

KAPPRAFF J, 1991. Connections: The Geometric Bridge between Art and Science [M]. New York: McGraw-Hill, Inc. .

KAWASAKI K, 2005. Proof without words: Viviani's theorem[J]. Mathematics Magazine, 78: 213.

KOEHLER M, 2013. How many chips off the old block? [J]. Mathematics Teacher, 107: 16-19.

KRUSEMEYER M I, GILBERT G T, LARSON L C, 2012. A Mathematical Orchard [M]. Washington: Mathematical Association of America.

KUNG S H, 1989. Sums of oblong numbers[J]. Mathematics Magazine, 62 : 96.

KUNG S H, 1996. The volume of a frustum of a square pyramid[J]. College Mathematics Journal，27：32.

LOOMIS L H，WHITNEY H，1949. An inequality related to the isoperimetric inequality [J]. Bulletin of the American Mathematical Society，55 ：961-962.

LOYD S，1914. Sam Loyd's Cyclopedia of 5 000 Puzzles，Tricks，and Conundrums (With Answers)[M]. New York：The Lamb Publishing Co. .

MESSER P，1986. Problem 1054[J]. Crux Mathematicorum 12：284-285.

MILLER W A，1993. Sums of pentagonal numbers[J]. Mathematics Magazine，66：325.

MITRINOVI Č D S，PE ČARIC S E，VOLENEC V，1989. Recent Advances in Geometric Inequalities[M]. Dordrecht：Kluwer Academic Publishers.

MIURA K，1994. Map foldà la Miura style，its physical characteristics and application to the space science[M]//TAKAKI R. . Research of Pattern Formation. Takyo：KTK Scientific Publishers：77-90.

MYCIELSKI J，1998. Problem Q879[J]. Mathematics Magazine，71：143.

NELSEN R B，1995. Proof without words：The volume of a frustum of a square pyramid[J]. Mathematics Magazine，68：109.

NISHIYAMA Y，2012. Miura folding：Applying origami to space exploration[J]. International Journal of Pure and Applied Mathematics，79：269-279.

PALAIS B，PALAIS R，RODI S，2009. A disorienting look at Euler's theorem on the axis of rotation[J]. American Mathematical Monthly，116：892-909.

PÓLYA G，1966. Let Us Teach Guessing[M]. Washington：Mathematical Association of America.

SANFORD N，2002. Proof without words：Dividing a frosted cake[M]. Mathematics Magazine，75：283.

SCHWEIZER B，SKLAR A，SIGMUND K，et al，2002. Karl Menger Selecta Mathematica，vols. 1[M]. Vienna：Springer.

SCHWEIZER B，SKLAR A，SIGMUND K，et al，2003. Karl Menger Selecta Mathematica，vols. 2[M]. Vienna：Springer.

SENECHAL M，FLECK G，1988. Shaping Space：A Polyhedral Approach[M]. Boston：Birkhaüser.

SHEPHARD G. C，1975. Convex polytopes with convex nets[J]. Mathematical Proceedings of the Cambridge Philosophical Society ，78：389-403.

SIU M. K，1984. Sum of squares[J]. Mathematics Magazine，57：92.

SOCIETAT CATALANA DE MATEMÀTIQUES，2011. Proves Cangur 2011[M].

Barcelona：Pub. SCM.

STEINHAUS H，1969. Mathematical Snapshots[M]. 3rd ed. New York：Oxford University Press.

TANTON J，2001. Solve This：Math Activities for Students and Clubs[M]. Washington：Mathematical Association of America.

TUCKERMAN B，1948. A non-singular polyhedral Möbius band whose boundary is a triangle[J]. American Mathematical Monthly，55：309-311.

TURPIN S，2007. Preuve sans parole[J]. Tangente，115：10.

VOICU I，1981. Problem 1866[J]. Gaz. Mat. ，86：112.

VON RÖNIK W，1997. Doughnut slicing[J]. College Mathematics Journal，28：381-383.

ZAMES F，1977. Surface area and the cylinder area paradox[J]. College Mathematics Journal，8：207-211.

刘培杰数学工作室
已出版(即将出版)图书目录——初等数学

书　名	出版时间	定　价	编号
新编中学数学解题方法全书(高中版)上卷(第2版)	2018-08	58.00	951
新编中学数学解题方法全书(高中版)中卷(第2版)	2018-08	68.00	952
新编中学数学解题方法全书(高中版)下卷(一)(第2版)	2018-08	58.00	953
新编中学数学解题方法全书(高中版)下卷(二)(第2版)	2018-08	58.00	954
新编中学数学解题方法全书(高中版)下卷(三)(第2版)	2018-08	68.00	955
新编中学数学解题方法全书(初中版)上卷	2008-01	28.00	29
新编中学数学解题方法全书(初中版)中卷	2010-07	38.00	75
新编中学数学解题方法全书(高考复习卷)	2010-01	48.00	67
新编中学数学解题方法全书(高考真题卷)	2010-01	38.00	62
新编中学数学解题方法全书(高考精华卷)	2011-03	68.00	118
新编平面解析几何解题方法全书(专题讲座卷)	2010-01	18.00	61
新编中学数学解题方法全书(自主招生卷)	2013-08	88.00	261
数学奥林匹克与数学文化(第一辑)	2006-05	48.00	4
数学奥林匹克与数学文化(第二辑)(竞赛卷)	2008-01	48.00	19
数学奥林匹克与数学文化(第二辑)(文化卷)	2008-07	58.00	36'
数学奥林匹克与数学文化(第三辑)(竞赛卷)	2010-01	48.00	59
数学奥林匹克与数学文化(第四辑)(竞赛卷)	2011-08	58.00	87
数学奥林匹克与数学文化(第五辑)	2015-06	98.00	370
世界著名平面几何经典著作钩沉——几何作图专题卷(共3卷)	2022-01	198.00	1460
世界著名平面几何经典著作钩沉——民国平面几何老课本	2011-03	38.00	113
世界著名平面几何经典著作钩沉——建国初期平面三角老课本	2015-08	38.00	507
世界著名解析几何经典著作钩沉——平面解析几何卷	2014-01	38.00	264
世界著名数论经典著作钩沉——算术卷	2012-01	28.00	125
世界著名数学经典著作钩沉——立体几何卷	2011-02	28.00	88
世界著名三角学经典著作钩沉——平面三角卷Ⅰ	2010-06	28.00	69
世界著名三角学经典著作钩沉——平面三角卷Ⅱ	2011-01	38.00	78
世界著名初等数论经典著作钩沉——理论和实用算术卷	2011-07	38.00	126
世界著名几何经典著作钩沉——解析几何卷	2022-10	68.00	1564
发展你的空间想象力(第3版)	2021-01	98.00	1464
空间想象力进阶	2019-05	68.00	1062
走向国际数学奥林匹克的平面几何试题诠释.第1卷	2019-07	88.00	1043
走向国际数学奥林匹克的平面几何试题诠释.第2卷	2019-09	78.00	1044
走向国际数学奥林匹克的平面几何试题诠释.第3卷	2019-03	78.00	1045
走向国际数学奥林匹克的平面几何试题诠释.第4卷	2019-09	98.00	1046
平面几何证明方法全书	2007-08	48.00	1
平面几何证明方法全书习题解答(第2版)	2006-12	18.00	10
平面几何天天练上卷·基础篇(直线型)	2013-01	58.00	208
平面几何天天练中卷·基础篇(涉及圆)	2013-01	28.00	234
平面几何天天练下卷·提高篇	2013-01	58.00	237
平面几何专题研究	2013-07	98.00	258
平面几何解题之道.第1卷	2022-05	38.00	1494
几何学习题集	2020-10	48.00	1217
通过解题学习代数几何	2021-04	88.00	1301
最新世界各国数学奥林匹克中的平面几何试题	2007-09	38.00	14

刘培杰数学工作室
已出版(即将出版)图书目录——初等数学

书　名	出版时间	定　价	编号
数学竞赛平面几何典型题及新颖解	2010—07	48.00	74
初等数学复习及研究(平面几何)	2008—09	68.00	38
初等数学复习及研究(立体几何)	2010—06	38.00	71
初等数学复习及研究(平面几何)习题解答	2009—01	58.00	42
几何学教程(平面几何卷)	2011—03	68.00	90
几何学教程(立体几何卷)	2011—07	68.00	130
几何变换与几何证题	2010—06	88.00	70
计算方法与几何证题	2011—06	28.00	129
立体几何技巧与方法(第2版)	2022—10	168.00	1572
几何瑰宝——平面几何500名题暨1500条定理(上、下)	2021—07	168.00	1358
三角形的解法与应用	2012—07	18.00	183
近代的三角形几何学	2012—07	48.00	184
一般折线几何学	2015—08	48.00	503
三角形的五心	2009—06	28.00	51
三角形的六心及其应用	2015—10	68.00	542
三角形趣谈	2012—08	28.00	212
解三角形	2014—01	28.00	265
三角函数	2024—10	38.00	1744
探秘三角形:一次数学旅行	2021—10	68.00	1387
三角学专门教程	2014—09	28.00	387
图天下几何新题试卷.初中(第2版)	2017—11	58.00	855
圆锥曲线习题集(上册)	2013—06	68.00	255
圆锥曲线习题集(中册)	2015—01	78.00	434
圆锥曲线习题集(下册·第1卷)	2016—10	78.00	683
圆锥曲线习题集(下册·第2卷)	2018—01	98.00	853
圆锥曲线习题集(下册·第3卷)	2019—10	128.00	1113
圆锥曲线的思想方法	2021—08	48.00	1379
圆锥曲线的八个主要问题	2021—10	48.00	1415
圆锥曲线的奥秘	2022—06	88.00	1541
论九点圆	2015—05	88.00	645
论圆的几何学	2024—06	48.00	1736
近代欧氏几何学	2012—03	48.00	162
罗巴切夫斯基几何学及几何基础概要	2012—07	28.00	188
罗巴切夫斯基几何学初步	2015—06	28.00	474
用三角、解析几何、复数、向量计算解数学竞赛几何题	2015—03	48.00	455
用解析法研究圆锥曲线的几何理论	2022—05	48.00	1495
美国中学几何教程	2015—04	88.00	458
三线坐标与三角形特征点	2015—04	98.00	460
坐标几何学基础.第1卷,笛卡儿坐标	2021—08	48.00	1398
坐标几何学基础.第2卷,三线坐标	2021—09	28.00	1399
平面解析几何方法与研究(第1卷)	2015—05	28.00	471
平面解析几何方法与研究(第2卷)	2015—06	38.00	472
平面解析几何方法与研究(第3卷)	2015—07	28.00	473
解析几何研究	2015—01	38.00	425
解析几何学教程.上	2016—01	38.00	574
解析几何学教程.下	2016—01	38.00	575
几何学基础	2016—01	58.00	581
初等几何研究	2015—02	58.00	444
十九和二十世纪欧氏几何学中的片段	2017—01	58.00	696
平面几何中考.高考.奥数一本通	2017—07	28.00	820
几何学简史	2017—08	28.00	833
四面体	2018—01	48.00	880
平面几何证明方法思路	2018—12	68.00	913
折纸中的几何练习	2022—09	48.00	1559
中学新几何学(英文)	2022—10	98.00	1562
线性代数与几何	2023—04	68.00	1633
四面体几何学引论	2023—06	68.00	1648

书　　名	出版时间	定　价	编号
平面几何图形特性新析.上篇	2019—01	68.00	911
平面几何图形特性新析.下篇	2018—06	88.00	912
平面几何范例多解探究.上篇	2018—04	48.00	910
平面几何范例多解探究.下篇	2018—12	68.00	914
从分析解题过程学解题:竞赛中的几何问题研究	2018—07	68.00	946
从分析解题过程学解题:竞赛中的向量几何与不等式研究(全2册)	2019—06	138.00	1090
从分析解题过程学解题:竞赛中的不等式问题	2021—01	48.00	1249
二维、三维欧氏几何的对偶原理	2018—12	38.00	990
星形大观及闭折线论	2019—03	68.00	1020
立体几何的问题和方法	2019—11	58.00	1127
三角代换论	2021—05	58.00	1313
俄罗斯平面几何问题集	2009—08	88.00	55
俄罗斯立体几何问题集	2014—03	58.00	283
俄罗斯几何大师——沙雷金论数学及其他	2014—01	48.00	271
来自俄罗斯的5000道几何习题及解答	2011—03	58.00	89
俄罗斯初等数学问题集	2012—05	38.00	177
俄罗斯函数问题集	2011—03	38.00	103
俄罗斯组合分析问题集	2011—01	48.00	79
俄罗斯初等数学万题选——三角卷	2012—11	38.00	222
俄罗斯初等数学万题选——代数卷	2013—08	68.00	225
俄罗斯初等数学万题选——几何卷	2014—01	68.00	226
俄罗斯《量子》杂志数学征解问题100题选	2018—08	48.00	969
俄罗斯《量子》杂志数学征解问题又100题选	2018—08	48.00	970
俄罗斯《量子》杂志数学征解问题	2020—05	48.00	1138
463个俄罗斯几何老问题	2012—01	28.00	152
《量子》数学短文精粹	2018—09	38.00	972
用三角、解析几何等计算解来自俄罗斯的几何题	2019—11	88.00	1119
基谢廖夫平面几何	2022—01	48.00	1461
基谢廖夫立体几何	2023—04	48.00	1599
数学:代数、数学分析和几何(10—11年级)	2021—01	48.00	1250
直观几何学:5—6年级	2022—04	58.00	1508
几何学:第2版.7—9年级	2023—08	68.00	1684
平面几何:9—11年级	2022—10	48.00	1571
立体几何.10—11年级	2022—01	58.00	1472
几何快递	2024—05	48.00	1697

谈谈素数	2011—03	18.00	91
平方和	2011—03	18.00	92
整数论	2011—05	38.00	120
从整数谈起	2015—10	28.00	538
数与多项式	2016—01	38.00	558
谈谈不定方程	2011—05	28.00	119
质数漫谈	2022—07	68.00	1529

解析不等式新论	2009—06	68.00	48
建立不等式的方法	2011—03	98.00	104
数学奥林匹克不等式研究(第2版)	2020—07	68.00	1181
不等式研究(第三辑)	2023—08	198.00	1673
不等式的秘密(第一卷)(第2版)	2014—02	38.00	286
不等式的秘密(第二卷)	2014—01	38.00	268
初等不等式的证明方法	2010—06	38.00	123
初等不等式的证明方法(第二版)	2014—11	38.00	407
不等式·理论·方法(基础卷)	2015—07	38.00	496
不等式·理论·方法(经典不等式卷)	2015—07	38.00	497
不等式·理论·方法(特殊类型不等式卷)	2015—07	48.00	498
不等式探究	2016—03	38.00	582
不等式探秘	2017—01	88.00	689

书　名	出版时间	定　价	编号
四面体不等式	2017—01	68.00	715
数学奥林匹克中常见重要不等式	2017—09	38.00	845
三正弦不等式	2018—09	98.00	974
函数方程与不等式：解法与稳定性结果	2019—04	68.00	1058
数学不等式.第1卷,对称多项式不等式	2022—05	78.00	1455
数学不等式.第2卷,对称有理不等式与对称无理不等式	2022—05	88.00	1456
数学不等式.第3卷,循环不等式与非循环不等式	2022—05	88.00	1457
数学不等式.第4卷,Jensen不等式的扩展与加细	2022—05	88.00	1458
数学不等式.第5卷,创建不等式与解不等式的其他方法	2022—05	88.00	1459
不定方程及其应用.上	2018—12	58.00	992
不定方程及其应用.中	2019—01	78.00	993
不定方程及其应用.下	2019—02	98.00	994
Nesbitt不等式加强式的研究	2022—06	128.00	1527
最值定理与分析不等式	2023—02	78.00	1567
一类积分不等式	2023—02	88.00	1579
邦费罗尼不等式及概率应用	2023—05	58.00	1637
同余理论	2012—05	38.00	163
[x]与{x}	2015—04	48.00	476
极值与最值.上卷	2015—06	28.00	486
极值与最值.中卷	2015—06	38.00	487
极值与最值.下卷	2015—06	28.00	488
整数的性质	2012—11	38.00	192
完全平方数及其应用	2015—08	78.00	506
多项式理论	2015—10	88.00	541
奇数、偶数、奇偶分析法	2018—01	98.00	876
历届美国中学生数学竞赛试题及解答(第1卷)1950～1954	2014—07	18.00	277
历届美国中学生数学竞赛试题及解答(第2卷)1955～1959	2014—04	18.00	278
历届美国中学生数学竞赛试题及解答(第3卷)1960～1964	2014—06	18.00	279
历届美国中学生数学竞赛试题及解答(第4卷)1965～1969	2014—04	28.00	280
历届美国中学生数学竞赛试题及解答(第5卷)1970～1972	2014—06	18.00	281
历届美国中学生数学竞赛试题及解答(第6卷)1973～1980	2017—07	18.00	768
历届美国中学生数学竞赛试题及解答(第7卷)1981～1986	2015—01	18.00	424
历届美国中学生数学竞赛试题及解答(第8卷)1987～1990	2017—05	18.00	769
历届国际数学奥林匹克试题集	2023—09	158.00	1701
历届中国数学奥林匹克试题集(第3版)	2021—10	58.00	1440
历届加拿大数学奥林匹克试题集	2012—08	38.00	215
历届美国数学奥林匹克试题集	2023—08	98.00	1681
历届波兰数学竞赛试题集.第1卷,1949～1963	2015—03	18.00	453
历届波兰数学竞赛试题集.第2卷,1964～1976	2015—03	18.00	454
历届巴尔干数学奥林匹克试题集	2015—05	38.00	466
历届CGMO试题及解答	2024—03	48.00	1717
保加利亚数学奥林匹克	2014—10	38.00	393
圣彼得堡数学奥林匹克试题集	2015—01	38.00	429
匈牙利奥林匹克数学竞赛题解.第1卷	2016—05	28.00	593
匈牙利奥林匹克数学竞赛题解.第2卷	2016—05	28.00	594
历届美国数学邀请赛试题集(第2版)	2017—10	78.00	851
全美高中数学竞赛:纽约州数学竞赛(1989—1994)	2024—08	48.00	1740
普林斯顿大学数学竞赛	2016—06	38.00	669
亚太地区数学奥林匹克竞赛题	2015—07	18.00	492
日本历届(初级)广中杯数学竞赛试题及解答.第1卷(2000～2007)	2016—05	28.00	641
日本历届(初级)广中杯数学竞赛试题及解答.第2卷(2008～2015)	2016—05	38.00	642
越南数学奥林匹克选:1962—2009	2021—07	48.00	1370
罗马尼亚大师杯数学竞赛试题及解答	2024—09	48.00	1746
欧洲女子数学奥林匹克	2024—04	48.00	1723
360个数学竞赛问题	2016—08	58.00	677

刘培杰数学工作室
已出版(即将出版)图书目录——初等数学

书 名	出版时间	定 价	编号
奥数最佳实战题.上卷	2017—06	38.00	760
奥数最佳实战题.下卷	2017—05	58.00	761
解决问题的策略	2024—08	48.00	1742
哈尔滨市早期中学数学竞赛试题汇编	2016—07	28.00	672
全国高中数学联赛试题及解答:1981—2019(第4版)	2020—07	138.00	1176
2024年全国高中数学联合竞赛模拟题集	2024—01	38.00	1702
20世纪50年代全国部分城市数学竞赛试题汇编	2017—07	28.00	797
国内外数学竞赛题及精解:2018—2019	2020—08	45.00	1192
国内外数学竞赛题及精解:2019—2020	2021—11	58.00	1439
许康华竞赛优学精选集.第一辑	2018—08	68.00	949
天问叶班数学问题征解100题.Ⅰ,2016—2018	2019—05	88.00	1075
天问叶班数学问题征解100题.Ⅱ,2017—2019	2020—07	98.00	1177
美国初中数学竞赛:AMC8准备(共6卷)	2019—07	138.00	1089
美国高中数学竞赛:AMC10准备(共6卷)	2019—08	158.00	1105
中国数学奥林匹克国家集训队选拔试题背景研究	2015—01	78.00	1781

书 名	出版时间	定 价	编号
高考数学核心题型解题方法与技巧	2010—01	28.00	86
高考数学压轴题解题诀窍(上)(第2版)	2018—01	58.00	874
高考数学压轴题解题诀窍(下)(第2版)	2018—01	48.00	875
突破高考数学新定义创新压轴题	2024—08	88.00	1741
北京市五区文科数学三年高考模拟题详解:2013～2015	2015—08	48.00	500
北京市五区理科数学三年高考模拟题详解:2013～2015	2015—09	68.00	505
向量法巧解数学高考题	2009—08	28.00	54
高中数学课堂教学的实践与反思	2021—11	48.00	791
数学高考参考	2016—01	78.00	589
新课程标准高考数学解答题各种题型解法指导	2020—08	78.00	1196
全国及各省市高考数学试题审题要津与解法研究	2015—02	48.00	450
高中数学章节起始课的教学研究与案例设计	2019—05	28.00	1064
新课标高考数学——五年试题分章详解(2007～2011)(上、下)	2011—10	78.00	140,141
全国中考数学压轴题审题要津与解法研究	2013—04	78.00	248
新编全国及各省市中考数学压轴题审题要津与解法研究	2014—05	58.00	342
全国及各省市5年中考数学压轴题审题要津与解法研究(2015版)	2015—04	58.00	462
中考数学专题总复习	2007—04	28.00	6
中考数学较难题常考题型解题方法与技巧	2016—09	48.00	681
中考数学难题常考题型解题方法与技巧	2016—09	48.00	682
中考数学中档题常考题型解题方法与技巧	2017—08	68.00	835
中考数学选择填空压轴好题妙解365	2024—01	80.00	1698
中考数学:三类重点考题的解法例析与习题	2020—04	48.00	1140
中小学数学的历史文化	2019—11	48.00	1124
小升初衔接数学	2024—06	68.00	1734
赢在小升初——数学	2024—08	78.00	1739
初中平面几何百题多思创新解	2020—01	58.00	1125
初中数学中考备考	2020—01	58.00	1126
高考数学之九章演义	2019—08	68.00	1044
高考数学之难题谈笑间	2022—06	68.00	1519
化学可以这样学:高中化学知识方法智慧感悟疑难辨析	2019—07	58.00	1103
如何成为学习高手	2019—09	58.00	1107
高考数学:经典真题分类解析	2020—04	78.00	1134
高考数学解答题破解策略	2020—11	58.00	1221
从分析解题过程学解题:高考压轴题与竞赛题之关系探究	2020—08	88.00	1179
从分析解题过程学解题:数学高考与竞赛的互联互通探究	2024—06	88.00	1735
教学新思考:单元整体视角下的初中数学教学设计	2021—03	58.00	1278
思维再拓展:2020年经典几何题的多解探究与思考	即将出版		1279
十年高考数学试题创新与经典研究:基于高中数学大概念的视角	2024—10	58.00	1777
高中数学题型全解(全5册)	2024—10	298.00	1778
中考数学小压轴汇编初讲	2017—07	48.00	788
中考数学大压轴专题微言	2017—09	48.00	846

刘培杰数学工作室
已出版(即将出版)图书目录——初等数学

书　名	出版时间	定　价	编号
怎么解中考平面几何探索题	2019—06	48.00	1093
北京中考数学压轴题解题方法突破(第10版)	2024—11	88.00	1780
高考数学奇思妙解	2016—04	38.00	610
高考数学解题策略	2016—05	48.00	670
数学解题泄天机(第2版)	2017—10	48.00	850
高中物理教学讲义	2018—01	48.00	871
高中物理教学讲义:全模块	2022—03	98.00	1492
高中物理答疑解惑65篇	2021—11	48.00	1462
中学物理基础问题解析	2020—08	48.00	1183
初中数学、高中数学脱节知识补缺教材	2017—06	48.00	766
高考数学客观题解题方法和技巧	2017—10	38.00	847
十年高考数学精品试题审题要津与解法研究	2021—10	98.00	1427
中国历届高考数学试题及解答.1949—1979	2018—01	38.00	877
历届中国高考数学试题及解答.第二卷,1980—1989	2018—10	28.00	975
历届中国高考数学试题及解答.第三卷,1990—1999	2018—10	48.00	976
跟我学解高中数学题	2018—07	58.00	926
中学数学研究的方法及案例	2018—05	58.00	869
高考数学抢分技能	2018—07	68.00	934
高一新生常用数学方法和重要数学思想提升教材	2018—06	38.00	921
高考数学全国卷六道解答题常考题型解题诀窍:理科(全2册)	2019—07	78.00	1101
高考数学全国卷16道选择、填空题常考题型解题诀窍.理科	2018—09	88.00	971
高考数学全国卷16道选择、填空题常考题型解题诀窍.文科	2020—01	88.00	1123
高中数学一题多解	2019—06	58.00	1087
历届中国高考数学试题及解答:1917—1999	2021—08	118.00	1371
2000～2003年全国及各省市高考数学试题及解答	2022—05	88.00	1499
2004年全国及各省市高考数学试题及解答	2023—08	78.00	1500
2005年全国及各省市高考数学试题及解答	2023—08	78.00	1501
2006年全国及各省市高考数学试题及解答	2023—08	88.00	1502
2007年全国及各省市高考数学试题及解答	2023—08	98.00	1503
2008年全国及各省市高考数学试题及解答	2023—08	88.00	1504
2009年全国及各省市高考数学试题及解答	2023—08	88.00	1505
2010年全国及各省市高考数学试题及解答	2023—08	98.00	1506
2011～2017年全国及各省市高考数学试题及解答	2024—01	78.00	1507
2018～2023年全国及各省市高考数学试题及解答	2024—03	78.00	1709
突破高原:高中数学解题思维探究	2021—08	48.00	1375
高考数学中的"取值范围"	2021—10	48.00	1429
新课程标准高中数学各种题型解法大全.必修一分册	2021—06	58.00	1315
新课程标准高中数学各种题型解法大全.必修二分册	2022—01	68.00	1471
高中数学各种题型解法大全.选择性必修一分册	2022—06	68.00	1525
高中数学各种题型解法大全.选择性必修二分册	2023—01	58.00	1600
高中数学各种题型解法大全.选择性必修三分册	2023—04	48.00	1643
高中数学专题研究	2024—05	88.00	1722
历届全国初中数学竞赛经典试题详解	2023—04	88.00	1624
孟祥礼高考数学精刷精解	2023—06	98.00	1663
新高考数学第二轮复习讲义	2025—01	88.00	1808
新编640个世界著名数学智力趣题	2014—01	88.00	242
500个最新世界著名数学智力趣题	2008—06	48.00	3
400个最新世界著名数学最值问题	2008—09	48.00	36
500个世界著名数学征解问题	2009—06	48.00	52
400个中国最佳初等数学征解老问题	2010—01	48.00	60
500个俄罗斯数学经典老题	2011—01	28.00	81
1000个国外中学物理好题	2012—04	48.00	174
300个日本高考数学题	2012—05	38.00	142
700个早期日本高考数学试题	2017—02	88.00	752

书　名	出版时间	定　价	编号
500 个前苏联早期高考数学试题及解答	2012—05	28.00	185
546 个早期俄罗斯大学生数学竞赛题	2014—03	38.00	285
548 个来自美苏的数学好问题	2014—11	28.00	396
20 所苏联著名大学早期入学试题	2015—02	18.00	452
161 道德国工科大学生必做的微分方程习题	2015—05	28.00	469
500 个德国工科大学生必做的高数习题	2015—06	28.00	478
360 个数学竞赛问题	2016—08	58.00	677
200 个趣味数学故事	2018—02	48.00	857
470 个数学奥林匹克中的最值问题	2018—10	88.00	985
德国讲义日本考题.微积分卷	2015—04	48.00	456
德国讲义日本考题.微分方程卷	2015—04	38.00	457
二十世纪中叶中、英、美、日、法、俄高考数学试题精选	2017—06	38.00	783
中国初等数学研究　2009 卷(第 1 辑)	2009—05	20.00	45
中国初等数学研究　2010 卷(第 2 辑)	2010—05	30.00	68
中国初等数学研究　2011 卷(第 3 辑)	2011—07	60.00	127
中国初等数学研究　2012 卷(第 4 辑)	2012—07	48.00	190
中国初等数学研究　2014 卷(第 5 辑)	2014—02	48.00	288
中国初等数学研究　2015 卷(第 6 辑)	2015—06	68.00	493
中国初等数学研究　2016 卷(第 7 辑)	2016—04	68.00	609
中国初等数学研究　2017 卷(第 8 辑)	2017—01	98.00	712
初等数学研究在中国.第 1 辑	2019—03	158.00	1024
初等数学研究在中国.第 2 辑	2019—10	158.00	1116
初等数学研究在中国.第 3 辑	2021—05	158.00	1306
初等数学研究在中国.第 4 辑	2022—06	158.00	1520
初等数学研究在中国.第 5 辑	2023—07	158.00	1635
几何变换(Ⅰ)	2014—07	28.00	353
几何变换(Ⅱ)	2015—06	28.00	354
几何变换(Ⅲ)	2015—01	38.00	355
几何变换(Ⅳ)	2015—12	38.00	356
初等数论难题集(第一卷)	2009—05	68.00	44
初等数论难题集(第二卷)(上、下)	2011—02	128.00	82,83
数论概貌	2011—03	18.00	93
代数数论(第二版)	2013—08	58.00	94
代数多项式	2014—06	38.00	289
初等数论的知识与问题	2011—02	28.00	95
超越数论基础	2011—03	28.00	96
数论初等教程	2011—03	28.00	97
数论基础	2011—03	18.00	98
数论基础与维诺格拉多夫	2014—03	18.00	292
解析数论基础	2012—08	28.00	216
解析数论基础(第二版)	2014—01	48.00	287
解析数论问题集(第二版)(原版引进)	2014—05	88.00	343
解析数论问题集(第二版)(中译本)	2016—04	88.00	607
解析数论基础(潘承洞,潘承彪著)	2016—07	98.00	673
解析数论导引	2016—07	58.00	674
数论入门	2011—03	38.00	99
代数数论入门	2015—03	38.00	448

刘培杰数学工作室
已出版(即将出版)图书目录——初等数学

书　名	出版时间	定　价	编号
数论开篇	2012－07	28.00	194
解析数论引论	2011－03	48.00	100
Barban Davenport Halberstam 均值和	2009－01	40.00	33
基础数论	2011－03	28.00	101
初等数论100例	2011－05	18.00	122
初等数论经典例题	2012－07	18.00	204
最新世界各国数学奥林匹克中的初等数论试题(上、下)	2012－01	138.00	144,145
初等数论(Ⅰ)	2012－01	18.00	156
初等数论(Ⅱ)	2012－01	18.00	157
初等数论(Ⅲ)	2012－01	28.00	158
平面几何与数论中未解决的新老问题	2013－01	68.00	229
代数数论简史	2014－11	28.00	408
代数数论	2015－09	88.00	532
代数、数论及分析习题集	2016－11	98.00	695
数论导引提要及习题解答	2016－01	48.00	559
素数定理的初等证明.第2版	2016－09	48.00	686
数论中的模函数与狄利克雷级数(第二版)	2017－11	78.00	837
数论:数学导引	2018－01	68.00	849
范氏大代数	2019－02	98.00	1016
解析数学讲义.第一卷,导来式及微分、积分、级数	2019－04	88.00	1021
解析数学讲义.第二卷,关于几何的应用	2019－04	68.00	1022
解析数学讲义.第三卷,解析函数论	2019－04	78.00	1023
分析·组合·数论纵横谈	2019－04	58.00	1039
Hall 代数:民国时期的中学数学课本:英文	2019－08	88.00	1106
基谢廖夫初等代数	2022－07	38.00	1531
基谢廖夫算术	2024－05	48.00	1725
数学精神巡礼	2019－01	58.00	731
数学眼光透视(第2版)	2017－06	78.00	732
数学思想领悟(第2版)	2018－01	68.00	733
数学方法溯源(第2版)	2018－08	68.00	734
数学解题引论	2017－05	58.00	735
数学史话览胜(第2版)	2017－01	48.00	736
数学应用展观(第2版)	2017－08	68.00	737
数学建模尝试	2018－04	48.00	738
数学竞赛采风	2018－01	68.00	739
数学测评探营	2019－05	58.00	740
数学技能操握	2018－03	48.00	741
数学欣赏拾趣	2018－02	48.00	742
从毕达哥拉斯到怀尔斯	2007－10	48.00	9
从迪利克雷到维斯卡尔迪	2008－01	48.00	21
从哥德巴赫到陈景润	2008－05	98.00	35
从庞加莱到佩雷尔曼	2011－08	138.00	136
博弈论精粹	2008－03	58.00	30
博弈论精粹.第二版(精装)	2015－01	88.00	461
数学 我爱你	2008－01	28.00	20
精神的圣徒　别样的人生——60位中国数学家成长的历程	2008－09	48.00	39
数学史概论	2009－06	78.00	50

刘培杰数学工作室
已出版(即将出版)图书目录——初等数学

书　　名	出版时间	定　价	编号
数学史概论(精装)	2013—03	158.00	272
数学史选讲	2016—01	48.00	544
斐波那契数列	2010—02	28.00	65
数学拼盘和斐波那契魔方	2010—07	38.00	72
斐波那契数列欣赏(第2版)	2018—08	58.00	948
Fibonacci数列中的明珠	2018—06	58.00	928
数学的创造	2011—02	48.00	85
数学美与创造力	2016—01	48.00	595
数海拾贝	2016—01	48.00	590
数学中的美(第2版)	2019—04	68.00	1057
数论中的美学	2014—12	38.00	351
数学王者　科学巨人——高斯	2015—01	28.00	428
振兴祖国数学的圆梦之旅:中国初等数学研究史话	2015—06	98.00	490
二十世纪中国数学史料研究	2015—10	48.00	536
《九章算法比类大全》校注	2024—06	198.00	1695
数字谜、数阵图与棋盘覆盖	2016—01	58.00	298
数学概念的进化:一个初步的研究	2023—07	68.00	1683
数学发现的艺术:数学探索中的合情推理	2016—07	58.00	671
活跃在数学中的参数	2016—07	48.00	675
数海趣史	2021—05	98.00	1314
玩转幻中之幻	2023—08	88.00	1682
数学艺术品	2023—08	98.00	1685
数学博弈与游戏	2023—10	68.00	1692

书　　名	出版时间	定　价	编号
数学解题——靠数学思想给力(上)	2011—07	38.00	131
数学解题——靠数学思想给力(中)	2011—07	48.00	132
数学解题——靠数学思想给力(下)	2011—07	38.00	133
我怎样解题	2013—01	48.00	227
数学解题中的物理方法	2011—06	28.00	114
数学解题的特殊方法	2011—06	48.00	115
中学数学计算技巧(第2版)	2020—10	48.00	1220
中学数学证明方法	2012—01	58.00	117
数学趣题巧解	2012—03	28.00	128
高中数学教学通鉴	2015—05	58.00	479
和高中生漫谈:数学与哲学的故事	2014—08	28.00	369
算术问题集	2017—03	38.00	789
张教授讲数学	2018—07	38.00	933
陈永明实话实说数学教学	2020—04	68.00	1132
中学数学学科知识与教学能力	2020—06	58.00	1155
怎样把课讲好:大罕数学教学随笔	2022—03	58.00	1484
中国高考评价体系下高考数学探秘	2022—03	48.00	1487
数苑漫步	2024—01	58.00	1670

书　　名	出版时间	定　价	编号
自主招生考试中的参数方程问题	2015—01	28.00	435
自主招生考试中的极坐标问题	2015—04	28.00	463
近年全国重点大学自主招生数学试题全解及研究.华约卷	2015—02	38.00	441
近年全国重点大学自主招生数学试题全解及研究.北约卷	2016—05	38.00	619
自主招生数学解证宝典	2015—09	48.00	535
中国科学技术大学创新班数学真题解析	2022—03	48.00	1488
中国科学技术大学创新班物理真题解析	2022—03	58.00	1489

书　　名	出版时间	定　价	编号
格点和面积	2012—07	18.00	191
射影几何趣谈	2012—04	28.00	175
斯潘纳尔引理——从一道加拿大数学奥林匹克试题谈起	2014—01	28.00	228
李普希兹条件——从几道近年高考数学试题谈起	2012—10	18.00	221
拉格朗日中值定理——从一道北京高考试题的解法谈起	2015—10	18.00	197

刘培杰数学工作室
已出版(即将出版)图书目录——初等数学

书 名	出版时间	定 价	编号
闵科夫斯基定理——从一道清华大学自主招生试题谈起	2014—01	28.00	198
哈尔测度——从一道冬令营试题的背景谈起	2012—08	28.00	202
切比雪夫逼近问题——从一道中国台北数学奥林匹克试题谈起	2013—04	38.00	238
伯恩斯坦多项式与贝齐尔曲面——从一道全国高中数学联赛试题谈起	2013—03	38.00	236
卡塔兰猜想——从一道普特南竞赛试题谈起	2013—06	18.00	256
麦卡锡函数和阿克曼函数——从一道前南斯拉夫数学奥林匹克试题谈起	2012—08	18.00	201
贝蒂定理与拉姆贝克莫斯尔定理——从一个拣石子游戏谈起	2012—08	18.00	217
皮亚诺曲线和豪斯道夫分球定理——从无限集谈起	2012—08	18.00	211
平面凸图形与凸多面体	2012—10	28.00	218
斯坦因豪斯问题——从一道二十五省市自治区中学数学竞赛试题谈起	2012—07	18.00	196
纽结理论中的亚历山大多项式与琼斯多项式——从一道北京市高一数学竞赛试题谈起	2012—07	28.00	195
原则与策略——从波利亚"解题表"谈起	2013—04	38.00	244
转化与化归——从三大尺规作图不能问题谈起	2012—08	28.00	214
代数几何中的贝祖定理(第一版)——从一道IMO试题的解法谈起	2013—08	18.00	193
成功连贯理论与约当块理论——从一道比利时数学竞赛试题谈起	2012—04	18.00	180
素数判定与大数分解	2014—08	18.00	199
置换多项式及其应用	2012—10	18.00	220
椭圆函数与模函数——从一道美国加州大学洛杉矶分校(UCLA)博士资格考题谈起	2012—10	28.00	219
差分方程的拉格朗日方法——从一道2011年全国高考理科试题的解法谈起	2012—08	28.00	200
力学在几何中的一些应用	2013—01	38.00	240
从根式解到伽罗华理论	2020—01	48.00	1121
康托洛维奇不等式——从一道全国高中联赛试题谈起	2013—03	28.00	337
拉格斯定理和阿廷定理——从一道IMO试题的解法谈起	2014—01	58.00	246
毕卡大定理——从一道美国大学数学竞赛试题谈起	2014—07	18.00	350
拉格朗日乘子定理——从一道2005年全国高中联赛试题的高等数学解法谈起	2015—05	28.00	480
雅可比定理——从一道日本数学奥林匹克试题谈起	2013—04	48.00	249
李天岩—约克定理——从一道波兰数学竞赛试题谈起	2014—06	28.00	349
受控理论与初等不等式:从一道IMO试题的解法谈起	2023—03	48.00	1601
布劳维不动点定理——从一道前苏联数学奥林匹克试题谈起	2014—01	38.00	273
莫德尔—韦伊定理——从一道日本数学奥林匹克试题谈起	2024—10	48.00	1602
斯蒂尔杰斯积分——从一道国际大学生数学竞赛试题的解法谈起	2024—10	68.00	1605
切博塔廖夫猜想——从一道1978年全国高中数学竞赛试题谈起	2024—10	38.00	1606
卡西尼卵形线:从一道高中数学期中考试试题谈起	2024—10	48.00	1607
格罗斯问题:亚纯函数的唯一性问题	2024—10	48.00	1608
布格尔问题——从一道第6届全国中学生物理竞赛预赛试题谈起	2024—09	68.00	1609
多项式逼近问题——从一道美国大学生数学竞赛试题谈起	2024—10	48.00	1748
中国剩余定理——总数法构建中国历史年表	2015—01	28.00	430
沙可夫斯基定理——从一道韩国数学奥林匹克竞赛试题的解法谈起	2025—01	68.00	1753
斯特林公式——从一道2023年高考数学(天津卷)试题的背景谈起	2025—01	28.00	1754
外索夫博弈:从一道瑞士国家队选拔考试试题谈起	2025—03	48.00	1755
分圆多项式——从一道美国国家队选拔考试试题的解法谈起	2025—01	48.00	1786
费马数与广义费马数——从一道USAMO试题的解法谈起	2025—01	48.00	1794

刘培杰数学工作室
已出版（即将出版）图书目录——初等数学

书 名	出版时间	定 价	编号
贝克码与编码理论——从一道全国高中数学联赛二试试题的解法谈起	2025—03	48.00	1751
拉比诺维奇定理	即将出版		
刘维尔定理——从一道《美国数学月刊》征解问题的解法谈起	即将出版		
卡塔兰恒等式与级数求和——从一道 IMO 试题的解法谈起	即将出版		
勒让德猜想与素数分布——从一道爱尔兰竞赛试题谈起	即将出版		
天平称重与信息论——从一道基辅市数学奥林匹克试题谈起	即将出版		
哈尔密尔顿—凯莱定理：从一道高中数学联赛试题的解法谈起	2014—09	18.00	376
艾思特曼定理——从一道 CMO 试题的解法谈起	即将出版		
阿贝尔恒等式与经典不等式及应用	2018—06	98.00	923
迪利克雷除数问题	2018—07	48.00	930
幻方、幻立方与拉丁方	2019—08	48.00	1092
帕斯卡三角形	2014—03	18.00	294
蒲丰投针问题——从 2009 年清华大学的一道自主招生试题谈起	2014—01	38.00	295
斯图姆定理——从一道"华约"自主招生试题的解法谈起	2014—01	18.00	296
许瓦兹引理——从一道加利福尼亚大学伯克利分校数学系博士生试题谈起	2014—08	18.00	297
拉姆塞定理——从王诗宬院士的一个问题谈起	2016—04	48.00	299
坐标法	2013—12	28.00	332
数论三角形	2014—04	38.00	341
毕克定理	2014—07	18.00	352
数林掠影	2014—09	48.00	389
我们周围的概率	2014—10	38.00	390
凸函数最值定理：从一道华约自主招生题的解法谈起	2014—10	28.00	391
易学与数学奥林匹克	2014—10	38.00	392
生物数学趣谈	2015—01	18.00	409
反演	2015—01	28.00	420
因式分解与圆锥曲线	2015—01	18.00	426
轨迹	2015—01	28.00	427
面积原理：从常庚哲命的一道 CMO 试题的积分解法谈起	2015—01	48.00	431
形形色色的不动点定理：从一道 28 届 IMO 试题谈起	2015—01	38.00	439
柯西函数方程：从一道上海交大自主招生的试题谈起	2015—02	28.00	440
三角恒等式	2015—02	28.00	442
无理性判定：从一道 2014 年"北约"自主招生试题谈起	2015—01	38.00	443
数学归纳法	2015—03	18.00	451
极端原理与解题	2015—04	28.00	464
法雷级数	2014—08	18.00	367
摆线族	2015—01	38.00	438
函数方程及其解法	2015—05	38.00	470
含参数的方程和不等式	2012—09	28.00	213
希尔伯特第十问题	2016—01	38.00	543
无穷小量的求和	2016—01	28.00	545
切比雪夫多项式：从一道清华大学金秋营试题谈起	2016—01	38.00	583
泽肯多夫定理	2016—03	38.00	599
代数等式证题法	2016—01	28.00	600
三角等式证题法	2016—01	28.00	601
吴大任教授藏书中的一个因式分解公式：从一道美国数学邀请赛试题的解法谈起	2016—06	28.00	656
易卦——类万物的数学模型	2017—08	68.00	838
"不可思议"的数与数系可持续发展	2018—01	38.00	878
最短线	2018—01	38.00	879
数学在天文、地理、光学、机械力学中的一些应用	2023—03	88.00	1576
从阿基米德三角形谈起	2023—01	28.00	1578

刘培杰数学工作室
已出版(即将出版)图书目录——初等数学

书　名	出版时间	定　价	编号
幻方和魔方(第一卷)	2012—05	68.00	173
尘封的经典——初等数学经典文献选读(第一卷)	2012—07	48.00	205
尘封的经典——初等数学经典文献选读(第二卷)	2012—07	38.00	206
初级方程式论	2011—03	28.00	106
初等数学研究(Ⅰ)	2008—09	68.00	37
初等数学研究(Ⅱ)(上、下)	2009—05	118.00	46,47
初等数学专题研究	2022—10	68.00	1568
趣味初等方程妙题集锦	2014—09	48.00	388
趣味初等数论选美与欣赏	2015—02	48.00	445
耕读笔记(上卷):一位农民数学爱好者的初数探索	2015—04	28.00	459
耕读笔记(中卷):一位农民数学爱好者的初数探索	2015—05	28.00	483
耕读笔记(下卷):一位农民数学爱好者的初数探索	2015—05	28.00	484
几何不等式研究与欣赏.上卷	2016—01	88.00	547
几何不等式研究与欣赏.下卷	2016—01	48.00	552
初等数列研究与欣赏·上	2016—01	48.00	570
初等数列研究与欣赏·下	2016—01	48.00	571
趣味初等函数研究与欣赏.上	2016—09	48.00	684
趣味初等函数研究与欣赏.下	2018—09	48.00	685
三角不等式研究与欣赏	2020—10	68.00	1197
新编平面解析几何解题方法研究与欣赏	2021—10	78.00	1426
火柴游戏(第2版)	2022—05	38.00	1493
智力解谜.第1卷	2017—07	38.00	613
智力解谜.第2卷	2017—07	38.00	614
故事智力	2016—07	48.00	615
名人们喜欢的智力问题	2020—01	48.00	616
数学大师的发现、创造与失误	2018—01	48.00	617
异曲同工	2018—09	48.00	618
数学的味道(第2版)	2023—10	68.00	1686
数学千字文	2018—10	68.00	977
数贝偶拾——高考数学题研究	2014—04	28.00	274
数贝偶拾——初等数学研究	2014—04	38.00	275
数贝偶拾——奥数题研究	2014—04	48.00	276
钱昌本教你快乐学数学(上)	2011—12	48.00	155
钱昌本教你快乐学数学(下)	2012—03	58.00	171
集合、函数与方程	2014—01	28.00	300
数列与不等式	2014—01	38.00	301
三角与平面向量	2014—01	28.00	302
平面解析几何	2014—01	38.00	303
立体几何与组合	2014—01	28.00	304
极限与导数、数学归纳法	2014—01	38.00	305
趣味数学	2014—03	28.00	306
教材教法	2014—04	68.00	307
自主招生	2014—05	58.00	308
高考压轴题(上)	2015—01	48.00	309
高考压轴题(下)	2014—10	68.00	310

刘培杰数学工作室
已出版(即将出版)图书目录——初等数学

书　　名	出版时间	定　价	编号
从费马到怀尔斯——费马大定理的历史	2013—10	198.00	I
从庞加莱到佩雷尔曼——庞加莱猜想的历史	2013—10	298.00	II
从切比雪夫到爱尔特希(上)——素数定理的初等证明	2013—07	48.00	III
从切比雪夫到爱尔特希(下)——素数定理100年	2012—12	98.00	III
从高斯到盖尔方特——二次域的高斯猜想	2013—10	198.00	IV
从库默尔到朗兰兹——朗兰兹猜想的历史	2014—01	98.00	V
从比勃巴赫到德布朗斯——比勃巴赫猜想的历史	2014—02	298.00	VI
从麦比乌斯到陈省身——麦比乌斯变换与麦比乌斯带	2014—02	298.00	VII
从布尔到豪斯道夫——布尔方程与格论漫谈	2013—10	198.00	VIII
从开普勒到阿诺德——三体问题的历史	2014—05	298.00	IX
从华林到华罗庚——华林问题的历史	2013—10	298.00	X
美国高中数学竞赛五十讲.第1卷(英文)	2014—08	28.00	357
美国高中数学竞赛五十讲.第2卷(英文)	2014—08	28.00	358
美国高中数学竞赛五十讲.第3卷(英文)	2014—09	28.00	359
美国高中数学竞赛五十讲.第4卷(英文)	2014—09	28.00	360
美国高中数学竞赛五十讲.第5卷(英文)	2014—10	28.00	361
美国高中数学竞赛五十讲.第6卷(英文)	2014—11	28.00	362
美国高中数学竞赛五十讲.第7卷(英文)	2014—12	28.00	363
美国高中数学竞赛五十讲.第8卷(英文)	2015—01	28.00	364
美国高中数学竞赛五十讲.第9卷(英文)	2015—01	28.00	365
美国高中数学竞赛五十讲.第10卷(英文)	2015—02	38.00	366
三角函数(第2版)	2017—04	38.00	626
不等式	2014—01	38.00	312
数列	2014—01	38.00	313
方程(第2版)	2017—04	38.00	624
排列和组合	2014—01	28.00	315
极限与导数(第2版)	2016—04	38.00	635
向量(第2版)	2018—08	58.00	627
复数及其应用	2014—08	28.00	318
函数	2014—01	38.00	319
集合	2020—01	48.00	320
直线与平面	2014—01	28.00	321
立体几何(第2版)	2016—04	38.00	629
解三角形	即将出版		323
直线与圆(第2版)	2016—11	38.00	631
圆锥曲线(第2版)	2016—09	48.00	632
解题通法(一)	2014—07	38.00	326
解题通法(二)	2014—07	38.00	327
解题通法(三)	2014—05	38.00	328
概率与统计	2014—01	28.00	329
信息迁移与算法	即将出版		330

刘培杰数学工作室
已出版(即将出版)图书目录——初等数学

书 名	出版时间	定 价	编号
IMO 50 年.第 1 卷(1959—1963)	2014—11	28.00	377
IMO 50 年.第 2 卷(1964—1968)	2014—11	28.00	378
IMO 50 年.第 3 卷(1969—1973)	2014—09	28.00	379
IMO 50 年.第 4 卷(1974—1978)	2016—04	38.00	380
IMO 50 年.第 5 卷(1979—1984)	2015—04	38.00	381
IMO 50 年.第 6 卷(1985—1989)	2015—04	58.00	382
IMO 50 年.第 7 卷(1990—1994)	2016—01	48.00	383
IMO 50 年.第 8 卷(1995—1999)	2016—06	38.00	384
IMO 50 年.第 9 卷(2000—2004)	2015—04	58.00	385
IMO 50 年.第 10 卷(2005—2009)	2016—01	48.00	386
IMO 50 年.第 11 卷(2010—2015)	2017—03	48.00	646
数学反思(2006—2007)	2020—09	88.00	915
数学反思(2008—2009)	2019—01	68.00	917
数学反思(2010—2011)	2018—05	58.00	916
数学反思(2012—2013)	2019—01	58.00	918
数学反思(2014—2015)	2019—03	78.00	919
数学反思(2016—2017)	2021—03	58.00	1286
数学反思(2018—2019)	2023—01	88.00	1593
历届美国大学生数学竞赛试题集.第一卷(1938—1949)	2015—01	28.00	397
历届美国大学生数学竞赛试题集.第二卷(1950—1959)	2015—01	28.00	398
历届美国大学生数学竞赛试题集.第三卷(1960—1969)	2015—01	28.00	399
历届美国大学生数学竞赛试题集.第四卷(1970—1979)	2015—01	18.00	400
历届美国大学生数学竞赛试题集.第五卷(1980—1989)	2015—01	28.00	401
历届美国大学生数学竞赛试题集.第六卷(1990—1999)	2015—01	28.00	402
历届美国大学生数学竞赛试题集.第七卷(2000—2009)	2015—08	18.00	403
历届美国大学生数学竞赛试题集.第八卷(2010—2012)	2015—01	18.00	404
新课标高考数学创新题解题诀窍:总论	2014—09	28.00	372
新课标高考数学创新题解题诀窍:必修 1～5 分册	2014—08	38.00	373
新课标高考数学创新题解题诀窍:选修 2－1,2－2,1－1,1－2分册	2014—09	38.00	374
新课标高考数学创新题解题诀窍:选修 2－3,4－4,4－5分册	2014—09	18.00	375
全国重点大学自主招生英文数学试题全攻略:词汇卷	2015—07	48.00	410
全国重点大学自主招生英文数学试题全攻略:概念卷	2015—01	28.00	411
全国重点大学自主招生英文数学试题全攻略:文章选读卷(上)	2016—09	38.00	412
全国重点大学自主招生英文数学试题全攻略:文章选读卷(下)	2017—01	58.00	413
全国重点大学自主招生英文数学试题全攻略:试题卷	2015—07	38.00	414
全国重点大学自主招生英文数学试题全攻略:名著欣赏卷	2017—03	48.00	415
劳埃德数学趣题大全.题目卷.1:英文	2016—01	18.00	516
劳埃德数学趣题大全.题目卷.2:英文	2016—01	18.00	517
劳埃德数学趣题大全.题目卷.3:英文	2016—01	18.00	518
劳埃德数学趣题大全.题目卷.4:英文	2016—01	18.00	519
劳埃德数学趣题大全.题目卷.5:英文	2016—01	18.00	520
劳埃德数学趣题大全.答案卷:英文	2016—01	18.00	521

刘培杰数学工作室
已出版(即将出版)图书目录——初等数学

书 名	出版时间	定价	编号
李成章教练奥数笔记.第1卷	2016—01	48.00	522
李成章教练奥数笔记.第2卷	2016—01	48.00	523
李成章教练奥数笔记.第3卷	2016—01	38.00	524
李成章教练奥数笔记.第4卷	2016—01	38.00	525
李成章教练奥数笔记.第5卷	2016—01	38.00	526
李成章教练奥数笔记.第6卷	2016—01	38.00	527
李成章教练奥数笔记.第7卷	2016—01	38.00	528
李成章教练奥数笔记.第8卷	2016—01	48.00	529
李成章教练奥数笔记.第9卷	2016—01	28.00	530
第19~23届"希望杯"全国数学邀请赛试题审题要津详细评注(初一版)	2014—03	28.00	333
第19~23届"希望杯"全国数学邀请赛试题审题要津详细评注(初二、初三版)	2014—03	38.00	334
第19~23届"希望杯"全国数学邀请赛试题审题要津详细评注(高一版)	2014—03	28.00	335
第19~23届"希望杯"全国数学邀请赛试题审题要津详细评注(高二版)	2014—03	38.00	336
第19~25届"希望杯"全国数学邀请赛试题审题要津详细评注(初一版)	2015—01	38.00	416
第19~25届"希望杯"全国数学邀请赛试题审题要津详细评注(初二、初三版)	2015—01	58.00	417
第19~25届"希望杯"全国数学邀请赛试题审题要津详细评注(高一版)	2015—01	48.00	418
第19~25届"希望杯"全国数学邀请赛试题审题要津详细评注(高二版)	2015—01	48.00	419
物理奥林匹克竞赛大题典——力学卷	2014—11	48.00	405
物理奥林匹克竞赛大题典——热学卷	2014—04	28.00	339
物理奥林匹克竞赛大题典——电磁学卷	2015—07	48.00	406
物理奥林匹克竞赛大题典——光学与近代物理卷	2014—06	28.00	345
历届中国东南地区数学奥林匹克试题及解答	2024—06	68.00	1724
历届中国西部地区数学奥林匹克试题集(2001~2012)	2014—07	18.00	347
历届中国女子数学奥林匹克试题集(2002~2012)	2014—08	18.00	348
数学奥林匹克在中国	2014—06	98.00	344
数学奥林匹克问题集	2014—01	38.00	267
数学奥林匹克不等式散论	2010—06	38.00	124
数学奥林匹克不等式欣赏	2011—09	38.00	138
数学奥林匹克超级题库(初中卷上)	2010—01	58.00	66
数学奥林匹克不等式证明方法和技巧(上、下)	2011—08	158.00	134,135
他们学什么:原民主德国中学数学课本	2016—09	38.00	658
他们学什么:英国中学数学课本	2016—09	38.00	659
他们学什么:法国中学数学课本.1	2016—09	38.00	660
他们学什么:法国中学数学课本.2	2016—09	28.00	661
他们学什么:法国中学数学课本.3	2016—09	38.00	662
他们学什么:苏联中学数学课本	2016—09	28.00	679

书　　名	出版时间	定　价	编号
高中数学题典——集合与简易逻辑·函数	2016—07	48.00	647
高中数学题典——导数	2016—07	48.00	648
高中数学题典——三角函数·平面向量	2016—07	48.00	649
高中数学题典——数列	2016—07	58.00	650
高中数学题典——不等式·推理与证明	2016—07	38.00	651
高中数学题典——立体几何	2016—07	48.00	652
高中数学题典——平面解析几何	2016—07	78.00	653
高中数学题典——计数原理·统计·概率·复数	2016—07	48.00	654
高中数学题典——算法·平面几何·初等数论·组合数学·其他	2016—07	68.00	655
台湾地区奥林匹克数学竞赛试题.小学一年级	2017—03	38.00	722
台湾地区奥林匹克数学竞赛试题.小学二年级	2017—03	38.00	723
台湾地区奥林匹克数学竞赛试题.小学三年级	2017—03	38.00	724
台湾地区奥林匹克数学竞赛试题.小学四年级	2017—03	38.00	725
台湾地区奥林匹克数学竞赛试题.小学五年级	2017—03	38.00	726
台湾地区奥林匹克数学竞赛试题.小学六年级	2017—03	38.00	727
台湾地区奥林匹克数学竞赛试题.初中一年级	2017—03	38.00	728
台湾地区奥林匹克数学竞赛试题.初中二年级	2017—03	38.00	729
台湾地区奥林匹克数学竞赛试题.初中三年级	2017—03	28.00	730
不等式证题法	2017—04	28.00	747
平面几何培优教程	2019—08	88.00	748
奥数鼎级培优教程.高一分册	2018—09	88.00	749
奥数鼎级培优教程.高二分册.上	2018—04	68.00	750
奥数鼎级培优教程.高二分册.下	2018—04	68.00	751
高中数学竞赛冲刺宝典	2019—04	68.00	883
初中尖子生数学超级题典.实数	2017—07	58.00	792
初中尖子生数学超级题典.式、方程与不等式	2017—08	58.00	793
初中尖子生数学超级题典.圆、面积	2017—08	38.00	794
初中尖子生数学超级题典.函数、逻辑推理	2017—08	48.00	795
初中尖子生数学超级题典.角、线段、三角形与多边形	2017—07	58.00	796
数学王子——高斯	2018—01	48.00	858
坎坷奇星——阿贝尔	2018—01	48.00	859
闪烁奇星——伽罗瓦	2018—01	58.00	860
无穷统帅——康托尔	2018—01	48.00	861
科学公主——柯瓦列夫斯卡娅	2018—01	48.00	862
抽象代数之母——埃米·诺特	2018—01	48.00	863
电脑先驱——图灵	2018—01	58.00	864
昔日神童——维纳	2018—01	48.00	865
数坛怪侠——爱尔特希	2018—01	68.00	866
传奇数学家徐利治	2019—09	88.00	1110

书　名	出版时间	定价	编号
当代世界中的数学.数学思想与数学基础	2019－01	38.00	892
当代世界中的数学.数学问题	2019－01	38.00	893
当代世界中的数学.应用数学与数学应用	2019－01	38.00	894
当代世界中的数学.数学王国的新疆域(一)	2019－01	38.00	895
当代世界中的数学.数学王国的新疆域(二)	2019－01	38.00	896
当代世界中的数学.数林撷英(一)	2019－01	38.00	897
当代世界中的数学.数林撷英(二)	2019－01	48.00	898
当代世界中的数学.数学之路	2019－01	38.00	899
105个代数问题:来自AwesomeMath夏季课程	2019－02	58.00	956
106个几何问题:来自AwesomeMath夏季课程	2020－07	58.00	957
107个几何问题:来自AwesomeMath全年课程	2020－07	58.00	958
108个代数问题:来自AwesomeMath全年课程	2019－01	68.00	959
109个不等式:来自AwesomeMath夏季课程	2019－04	58.00	960
110个几何问题:选自各国数学奥林匹克竞赛	2024－04	58.00	961
111个代数和数论问题	2019－05	58.00	962
112个组合问题:来自AwesomeMath夏季课程	2019－05	58.00	963
113个几何不等式:来自AwesomeMath夏季课程	2020－08	58.00	964
114个指数和对数问题:来自AwesomeMath夏季课程	2019－09	48.00	965
115个三角问题:来自AwesomeMath夏季课程	2019－09	58.00	966
116个代数不等式:来自AwesomeMath全年课程	2019－04	58.00	967
117个多项式问题:来自AwesomeMath夏季课程	2021－09	58.00	1409
118个数学竞赛不等式	2022－08	78.00	1526
119个三角问题	2024－05	58.00	1726
119个三角问题	2024－05	58.00	1726
紫色彗星国际数学竞赛试题	2019－02	58.00	999
数学竞赛中的数学:为数学爱好者、父母、教师和教练准备的丰富资源.第一部	2020－04	58.00	1141
数学竞赛中的数学:为数学爱好者、父母、教师和教练准备的丰富资源.第二部	2020－07	48.00	1142
和与积	2020－10	38.00	1219
数论:概念和问题	2020－12	68.00	1257
初等数学问题研究	2021－03	48.00	1270
数学奥林匹克中的欧几里得几何	2021－10	68.00	1413
数学奥林匹克题解新编	2022－01	58.00	1430
图论入门	2022－09	58.00	1554
新的、更新的、最新的不等式	2023－07	58.00	1650
几何不等式相关问题	2024－04	58.00	1721
数学归纳法——一种高效而简捷的证明方法	2024－06	48.00	1738
数学竞赛中奇妙的多项式	2024－01	78.00	1646
120个奇妙的代数问题及20个奖励问题	2024－04	48.00	1647
几何不等式相关问题	2024－04	58.00	1721
数学竞赛中的十个代数主题	2024－10	58.00	1745
AwesomeMath入学测试题:前九年:2006—2014	2024－11	38.00	1644
AwesomeMath入学测试题:接下来的七年:2015—2021	2024－12	48.00	1782
奥林匹克几何入门	2025－01	48.00	1796
数学太空漫游:21世纪的立体几何	2025－01	68.00	1810

刘培杰数学工作室
已出版(即将出版)图书目录——初等数学

书　　名	出版时间	定　价	编号
澳大利亚中学数学竞赛试题及解答(初级卷)1978~1984	2019—02	28.00	1002
澳大利亚中学数学竞赛试题及解答(初级卷)1985~1991	2019—02	28.00	1003
澳大利亚中学数学竞赛试题及解答(初级卷)1992~1998	2019—02	28.00	1004
澳大利亚中学数学竞赛试题及解答(初级卷)1999~2005	2019—02	28.00	1005
澳大利亚中学数学竞赛试题及解答(中级卷)1978~1984	2019—03	28.00	1006
澳大利亚中学数学竞赛试题及解答(中级卷)1985~1991	2019—03	28.00	1007
澳大利亚中学数学竞赛试题及解答(中级卷)1992~1998	2019—03	28.00	1008
澳大利亚中学数学竞赛试题及解答(中级卷)1999~2005	2019—03	28.00	1009
澳大利亚中学数学竞赛试题及解答(高级卷)1978~1984	2019—05	28.00	1010
澳大利亚中学数学竞赛试题及解答(高级卷)1985~1991	2019—05	28.00	1011
澳大利亚中学数学竞赛试题及解答(高级卷)1992~1998	2019—05	28.00	1012
澳大利亚中学数学竞赛试题及解答(高级卷)1999~2005	2019—05	28.00	1013
天才中小学生智力测验题.第一卷	2019—03	38.00	1026
天才中小学生智力测验题.第二卷	2019—03	38.00	1027
天才中小学生智力测验题.第三卷	2019—03	38.00	1028
天才中小学生智力测验题.第四卷	2019—03	38.00	1029
天才中小学生智力测验题.第五卷	2019—03	38.00	1030
天才中小学生智力测验题.第六卷	2019—03	38.00	1031
天才中小学生智力测验题.第七卷	2019—03	38.00	1032
天才中小学生智力测验题.第八卷	2019—03	38.00	1033
天才中小学生智力测验题.第九卷	2019—03	38.00	1034
天才中小学生智力测验题.第十卷	2019—03	38.00	1035
天才中小学生智力测验题.第十一卷	2019—03	38.00	1036
天才中小学生智力测验题.第十二卷	2019—03	38.00	1037
天才中小学生智力测验题.第十三卷	2019—03	38.00	1038
重点大学自主招生数学备考全书:函数	2020—05	48.00	1047
重点大学自主招生数学备考全书:导数	2020—08	48.00	1048
重点大学自主招生数学备考全书:数列与不等式	2019—10	78.00	1049
重点大学自主招生数学备考全书:三角函数与平面向量	2020—08	68.00	1050
重点大学自主招生数学备考全书:平面解析几何	2020—07	58.00	1051
重点大学自主招生数学备考全书:立体几何与平面几何	2019—08	48.00	1052
重点大学自主招生数学备考全书:排列组合·概率统计·复数	2019—09	48.00	1053
重点大学自主招生数学备考全书:初等数论与组合数学	2019—08	48.00	1054
重点大学自主招生数学备考全书:重点大学自主招生真题.上	2019—04	68.00	1055
重点大学自主招生数学备考全书:重点大学自主招生真题.下	2019—04	58.00	1056
高中数学竞赛培训教程:平面几何问题的求解方法与策略.上	2018—05	68.00	906
高中数学竞赛培训教程:平面几何问题的求解方法与策略.下	2018—06	78.00	907
高中数学竞赛培训教程:整除与同余以及不定方程	2018—01	88.00	908
高中数学竞赛培训教程:组合计数与组合极值	2018—04	48.00	909
高中数学竞赛培训教程:初等代数	2019—04	78.00	1042
高中数学讲座:数学竞赛基础教程(第一册)	2019—06	48.00	1094
高中数学讲座:数学竞赛基础教程(第二册)	即将出版		1095
高中数学讲座:数学竞赛基础教程(第三册)	即将出版		1096
高中数学讲座:数学竞赛基础教程(第四册)	即将出版		1097

刘培杰数学工作室
已出版(即将出版)图书目录——初等数学

书　名	出 版 时 间	定　价	编号
新编中学数学解题方法 1000 招丛书.实数(初中版)	2022—05	58.00	1291
新编中学数学解题方法 1000 招丛书.式(初中版)	2022—05	48.00	1292
新编中学数学解题方法 1000 招丛书.方程与不等式(初中版)	2021—04	58.00	1293
新编中学数学解题方法 1000 招丛书.函数(初中版)	2022—05	38.00	1294
新编中学数学解题方法 1000 招丛书.角(初中版)	2022—05	48.00	1295
新编中学数学解题方法 1000 招丛书.线段(初中版)	2022—05	48.00	1296
新编中学数学解题方法 1000 招丛书.三角形与多边形(初中版)	2021—04	48.00	1297
新编中学数学解题方法 1000 招丛书.圆(初中版)	2022—05	48.00	1298
新编中学数学解题方法 1000 招丛书.面积(初中版)	2021—07	28.00	1299
新编中学数学解题方法 1000 招丛书.逻辑推理(初中版)	2022—06	48.00	1300
高中数学题典精编.第一辑.函数	2022—01	58.00	1444
高中数学题典精编.第一辑.导数	2022—01	68.00	1445
高中数学题典精编.第一辑.三角函数·平面向量	2022—01	68.00	1446
高中数学题典精编.第一辑.数列	2022—01	58.00	1447
高中数学题典精编.第一辑.不等式·推理与证明	2022—01	58.00	1448
高中数学题典精编.第一辑.立体几何	2022—01	58.00	1449
高中数学题典精编.第一辑.平面解析几何	2022—01	68.00	1450
高中数学题典精编.第一辑.统计·概率·平面几何	2022—01	58.00	1451
高中数学题典精编.第一辑.初等数论·组合数学·数学文化·解题方法	2022—01	58.00	1452
历届全国初中数学竞赛试题分类解析.初等代数	2022—09	98.00	1555
历届全国初中数学竞赛试题分类解析.初等数论	2022—09	48.00	1556
历届全国初中数学竞赛试题分类解析.平面几何	2022—09	38.00	1557
历届全国初中数学竞赛试题分类解析.组合	2022—09	38.00	1558
从三道高三数学模拟题的背景谈起:兼谈傅里叶三角级数	2023—03	48.00	1651
从一道日本东京大学的入学试题谈起:兼谈 π 的方方面面	2025—01	68.00	1652
从两道 2021 年福建高三数学测试题谈起:兼谈球面几何学与球面三角学	2025—01	58.00	1653
从一道湖南高考数学试题谈起:兼谈有界变差数列	2024—01	48.00	1654
从一道高校自主招生试题谈起:兼谈詹森函数方程	即将出版		1655
从一道上海高考数学试题谈起:兼谈有界变差函数	即将出版		1656
从一道北京大学金秋营数学试题的解法谈起:兼谈伽罗瓦理论	2024—10	38.00	1657
从一道北京高考数学试题的解法谈起:兼谈毕克定理	即将出版		1658
从一道北京大学金秋营数学试题的解法谈起:兼谈帕塞瓦尔恒等式	2024—10	68.00	1659
从一道高三数学模拟测试题的背景谈起:兼谈等周问题与等周不等式	即将出版		1660
从一道 2020 年全国高考数学试题的解法谈起:兼谈斐波那契数列和纳卡穆拉定理及奥斯图达定理	即将出版		1661
从一道高考数学附加题谈起:兼谈广义斐波那契数列	2025—01	68.00	1662

刘培杰数学工作室
已出版(即将出版)图书目录——初等数学

书　名	出版时间	定　价	编号
从一道普通高中学业水平考试中数学卷的压轴题谈起——兼谈最佳逼近理论	2024—10	58.00	1759
从一道高考数学试题谈起——兼谈李普希兹条件	即将出版		1760
从一道北京市朝阳区高二期末数学考试题的解法谈起——兼谈希尔宾斯基垫片和分形几何	即将出版		1761
从一道高考数学试题谈起——兼谈巴拿赫压缩不动点定理	即将出版		1762
从一道中国台湾地区高考数学试题谈起——兼谈费马数与计算数论	即将出版		1763
从2022年全国高考数学压轴题的解法谈起——兼谈数值计算中的帕德逼近	2024—10	48.00	1764
从一道清华大学2022年强基计划数学测试题的解法谈起——兼谈拉马努金恒等式	即将出版		1765
从一篇有关数学建模的讲义谈起——兼谈信息熵与信息论	即将出版		1766
从一道清华大学自主招生的数学试题谈起——兼谈格点与闵可夫斯基定理	即将出版		1767
从一道1979年高考数学试题谈起——兼谈勾股定理和毕达哥拉斯定理	即将出版		1768
从一道2020年北京大学"强基计划"数学试题谈起——兼谈微分几何中的包络问题	即将出版		1769
从一道高考数学试题谈起——兼谈香农的信息理论	即将出版		1770
代数学教程.第一卷,集合论	2023—08	58.00	1664
代数学教程.第二卷,抽象代数基础	2023—08	68.00	1665
代数学教程.第三卷,数论原理	2023—08	58.00	1666
代数学教程.第四卷,代数方程式论	2023—08	48.00	1667
代数学教程.第五卷,多项式理论	2023—08	58.00	1668
代数学教程.第六卷,线性代数原理	2024—06	98.00	1669
中考数学培优教程——二次函数卷	2024—05	78.00	1718
中考数学培优教程——平面几何最值卷	2024—05	58.00	1719
中考数学培优教程——专题讲座卷	2024—05	58.00	1720

联系地址:哈尔滨市南岗区复华四道街10号　哈尔滨工业大学出版社刘培杰数学工作室
邮　　编:150006
联系电话:0451—86281378　　13904613167
E-mail:lpj1378@163.com